Shree Kumar Maharjan
Keshav Lall Maharjan
Ek Raj Sigdel

Avaliação da adaptação baseada na comunidade no centro e no extremo oeste do Nepal

Shree Kumar Maharjan
Keshav Lall Maharjan
Ek Raj Sigdel

Avaliação da adaptação baseada na comunidade no centro e no extremo oeste do Nepal

Imprint

Any brand names and product names mentioned in this book are subject to trademark, brand or patent protection and are trademarks or registered trademarks of their respective holders. The use of brand names, product names, common names, trade names, product descriptions etc. even without a particular marking in this work is in no way to be construed to mean that such names may be regarded as unrestricted in respect of trademark and brand protection legislation and could thus be used by anyone.

Cover image: www.ingimage.com

This book is a translation from the original published under ISBN 978-3-330-35017-5.

Publisher:
Sciencia Scripts
is a trademark of
Dodo Books Indian Ocean Ltd. and OmniScriptum S.R.L publishing group

120 High Road, East Finchley, London, N2 9ED, United Kingdom
Str. Armeneasca 28/1, office 1, Chisinau MD-2012, Republic of Moldova, Europe
Printed at: see last page
ISBN: 978-620-7-70168-1

Avaliação da adaptação de base comunitária (ACB) nas regiões central e longínqua

Nepal Ocidental

Shree Kumar Maharjan

Keshav Lall Maharjan

Ek Raj Sigdel

Conteúdo

Introdução

As alterações climáticas são atualmente uma preocupação séria para a humanidade e o Nepal não está à parte neste caso. Sendo um país menos desenvolvido, está entre a lista dos países mais vulneráveis aos impactos adversos das alterações climáticas induzidas pelo homem (Regmi et al., 2010). Trata-se de um pequeno país montanhoso situado entre a Índia e a China. Apresenta uma diversidade de variações geográficas e climáticas de sul para norte e de este para oeste. A área total do país é de 147 181 km2 com uma altitude que varia entre 60 e 8 848 metros acima do nível do mar (asl). Esta variação altitudinal situa-se a uma distância de 200 km de norte a sul, com uma amplitude de 144 a 240 km. Da mesma forma, a distância de leste a oeste é de apenas 800 km. Neste curto intervalo de distâncias, o país tem três zonas ecológicas, nomeadamente as montanhas, as colinas e o Tarai (zona de planície) e cinco regiões de desenvolvimento. No entanto, estas regiões de desenvolvimento estão em processo de transição após a declaração do país como República Democrática Federal do Nepal em 28 de maio de 2008 e estão em vias de formar sete províncias.

O país é propenso aos impactos das alterações climáticas devido a tempestades frequentes e graves, inundações, deslizamentos de terras e degelo glaciar. Além disso, os terrenos acidentados, a topografia íngreme, a ecologia e a geologia frágeis e a grande dependência de sectores sensíveis ao clima aumentaram a vulnerabilidade às alterações climáticas. Estes impactos adversos das alterações climáticas têm vindo a aumentar e a tornar-se uma grande preocupação para o Nepal (Karki et al., 2009). Apesar da sua menor contribuição, ou seja, 0,025%, para as emissões globais de gases com efeito de estufa, o país é o que mais tem enfrentado os impactos. O Painel Intergovernamental sobre as Alterações Climáticas (IPCC) previu que os países em desenvolvimento, como o Nepal, são muito susceptíveis à variabilidade climática e meteorológica, como a temperatura, as secas graves, as inundações e os deslizamentos de terras nas próximas décadas (IPCC, 2007). De acordo com o índice de vulnerabilidade às alterações climáticas de 2011, o Nepal está classificado como o 4.º país de risco extremo para os próximos 30 anos, com base na pobreza, na capacidade de adaptação e na elevada dependência dos recursos naturais (Maplecroft.Net Limited, 2011). Outros investigadores e organizações também reforçaram este índice de vulnerabilidade de país altamente vulnerável e de risco extremo devido à sua topografia diversificada, aos ecossistemas frágeis e à pobreza galopante (CCNN, 2011; Paudel et al., 2011). É um país diverso, com as suas variações geográficas e climáticas, o que conduz a diversos sistemas agrícolas, práticas de subsistência e segurança alimentar nas zonas ecológicas. O Tarai e o Tarai interior, nas altitudes mais baixas do Sul, têm terras cultiváveis e comparativamente produtivas, pelo que são considerados o cabaz alimentar do país (Joshi et al., 2011; Joshi et al., 2012). A temperatura máxima média nesta região atinge mais de 30oC, diminuindo gradualmente em direção ao Norte com o aumento da altitude (Practical Action, 2009). As alterações climáticas ameaçaram seriamente as práticas de subsistência, a segurança alimentar e os recursos naturais nas últimas décadas (Karki, et al., 2009).

A agricultura é a principal fonte de subsistência da população do Nepal, que depende em grande medida de factores como o clima/tempo, a fertilidade do solo, a precipitação para irrigação, a qualidade das sementes, a elevada dependência dos recursos naturais, os conhecimentos e tecnologias indígenas, a sociocultura, entre outros. A alteração dos padrões climáticos e meteorológicos e os seus impactos são os principais desafios enfrentados pela população do país, especialmente pelas pessoas pobres e marginalizadas, uma vez que dispõem de recursos limitados para enfrentar e se adaptar aos impactos (LI-BIRD, 2009; Regmi et al., 2010). Os impactos das alterações climáticas são galopantes e graves na última década, atribuídos à variabilidade natural e às forças antropogénicas.

A agricultura está diretamente ligada à segurança alimentar, ao bem-estar e à cultura das populações. Um total de 65,6% da população dedica-se à agricultura e à agricultura de subsistência. Os sectores da agricultura e da silvicultura contribuem com 34% para o Produto Interno Bruto (PIB) nacional (GoN, 2012). Muitas comunidades agrícolas vivem em zonas remotas, ecologicamente frágeis e marginais, dependendo fortemente da agricultura de subsistência. Mas são ricas em conhecimentos, competências e culturas tradicionais, uma vez que os seus meios de subsistência se baseiam na natureza, na cultura e na agricultura. São os que menos contribuem para as alterações climáticas, mas são os primeiros a sofrer os seus impactos (Tauli-Corpuz et al., 2009), uma vez que este é o sector mais sensível em termos de riscos e vulnerabilidades climáticas (IIED, 2011), pois a maior parte das terras agrícolas do Nepal são alimentadas pela chuva e apenas 32% das terras são irrigadas sazonalmente. Tal como as variações climáticas, a precipitação anual varia de acordo com a variação espacial e temporal de norte a sul e de este a oeste. A precipitação média anual é de aproximadamente 1 800 mm.

São muitas as mudanças e os impactos observados na agricultura e na segurança alimentar devido às alterações climáticas. A diminuição da produção agrícola, a perda de espécies proeminentes e o aparecimento de novas espécies invasoras, bem como o declínio da produção pecuária, são as alterações mais proeminentes que se devem às alterações climáticas. Para fazer face a estes impactos, as comunidades ao nível da base estão a utilizar os seus próprios conhecimentos, competências e práticas tradicionais baseados nas suas experiências de vida. Por outro lado, o governo e as organizações da sociedade civil também estão a adaptar e/ou a promover diferentes políticas, práticas e tecnologias para responder a estes impactos das alterações climáticas. No entanto, a eficácia e a eficiência de todas estas políticas, intervenções e estratégias de adaptação em termos de custos, benefícios e sustentabilidade são sempre um desafio. Há muitos casos em que as intervenções de adaptação e desenvolvimento não conseguiram resolver as questões emergentes dos impactes das alterações climáticas. Por conseguinte, é essencial reforçar a capacidade das comunidades para lidarem com as alterações climáticas, a fim de aumentar a resiliência e reduzir os seus impactos, bem como desenvolver estratégias de adaptação e de sobrevivência para esses impactos adversos com um mínimo de choques para as pessoas e os seus meios de subsistência (Regmi et al., 2010). É igualmente importante assegurar que essas medidas de adaptação sejam adequadas para uma divulgação mais ampla e sirvam de base a políticas em matéria de alterações climáticas, em conformidade com as actividades de desenvolvimento nacionais e sectoriais existentes. O Governo do Nepal desenvolveu a política nacional em matéria de alterações climáticas de 2011, os programas de ação nacionais de adaptação (NAPA) de 2010 e outras políticas e estratégias, como a estratégia de desenvolvimento económico com baixas emissões de carbono (LCEDS) e a estratégia de redução das emissões resultantes da desflorestação e da degradação florestal (REDD), para responder sistematicamente aos riscos e vulnerabilidades climáticos imediatos e urgentes com medidas de adaptação adequadas. Atualmente, o GdN está a desenvolver o Plano Nacional de Adaptação (PNA) para planos de adaptação a médio e longo prazo. A nível local, o Governo aprovou igualmente o quadro nacional de planos de ação de adaptação local (LAPA), que está a ser aplicado em todo o país pelo Ministério da População e do Ambiente e por organizações multissectoriais da sociedade civil. Além disso, foram iniciadas no Nepal iniciativas de desenvolvimento e aplicação de planos de adaptação comunitária (CAP/CAPA) para fazer face aos impactos das alterações climáticas pelas comunidades a nível comunitário e das aldeias. Estas iniciativas permitiram ainda que as comunidades compreendessem os processos e mecanismos das alterações climáticas a nível nacional e internacional e se preparassem para resolver os problemas por si próprias.

Além disso, são também desenvolvidas e aplicadas políticas e planos sectoriais, incluindo o Plano Prospetivo Agrícola e as Estratégias de Desenvolvimento Agrícola. Todas estas políticas, planos e estratégias encontram-se em diferentes estádios de aplicação e de sucesso.

Uma das iniciativas importantes do Governo do Nepal é o Programa de Apoio às Alterações Climáticas do Nepal (NCCSP), que tem vindo a implementar planos de adaptação local em 100 comités de desenvolvimento de aldeias (VDC) e num município das regiões de desenvolvimento do Centro e do Extremo-Oeste do Nepal, com o objetivo de reduzir as vulnerabilidades climáticas de um milhão de pessoas, centrando-se especialmente nos grupos pobres e marginalizados, incluindo as mulheres. Centrou-se igualmente no reforço da capacidade institucional do governo para aplicar o LAPA, a política em matéria de alterações climáticas e as prioridades do NAPA. O programa tem enfatizado o processo de planeamento de baixo para cima (local) e de cima para baixo (nacional) para abordar as questões e os impactos das alterações climáticas através de uma melhor governação, da capacitação das mulheres, da inclusão dos grupos pobres e socialmente desfavorecidos e da sustentabilidade dos ecossistemas1 . A Practical Action Nepal insistiu na sensibilização da comunidade e na sua participação em eventuais medidas de adaptação.

As políticas, os programas e os planos relacionados com o clima estão a ser desenvolvidos e aplicados para fazer face aos impactos das alterações climáticas no Nepal. No entanto, é mais importante aplicar efetivamente estas políticas, programas e planos na prática para minimizar os impactos. Por outro lado, as comunidades têm vindo a praticar e a implementar adaptações baseadas na comunidade (CBAs) para lidar com os impactes das alterações climáticas com base nos seus conhecimentos, competências, práticas e experiências durante gerações. Deveria haver algumas ligações entre as políticas, os programas e os planos formulados a nível nacional e as práticas das comunidades no terreno. Algumas destas políticas e planos tentaram criar essas ligações, como o NAPA e o LAPA, através da abordagem reach up e draw down. Este livro procura avaliar as políticas, os programas e os planos relacionados com as alterações climáticas, bem como as práticas de adaptação de base comunitária no terreno, com base nos casos da região do Tarai Central e do Extremo-Ocidental do Nepal, centrando-se em particular na etnia Tharu. O povo Tharu é famoso pelo seu comportamento resiliente e adaptativo na história do Nepal, mesmo na altura em que o surto de malária era galopante na região.

Este livro está dividido em cinco capítulos. O primeiro capítulo trata de uma breve

---

[1] *Nepal Climate Change Support Programme (NCCSP) Brochure, Ministério da Ciência, Tecnologia e Ambiente.*

introdução e dos objectivos do livro. De igual modo, o segundo capítulo apresenta o resumo dos impactes das alterações climáticas no Nepal. O terceiro capítulo aborda as políticas em matéria de alterações climáticas no Nepal, incluindo principalmente as políticas de adaptação. O quarto capítulo destaca a adaptação às alterações climáticas no Nepal, com destaque para a agricultura, a pecuária, a silvicultura, as infra-estruturas físicas e os recursos hídricos. O quinto capítulo centra-se nas adaptações baseadas na comunidade no Nepal, incluindo o breve conceito de adaptação baseada na comunidade no contexto nepalês e as metodologias para efetuar a investigação sobre a adaptação baseada na comunidade no Nepal, incluindo dois casos específicos de adaptações baseadas na comunidade - um do extremo oeste do Nepal e outro do centro do Nepal. Ambos os casos incluem as adaptações de base comunitária nos locais específicos. Por último, apresenta as conclusões e o caminho a seguir para a investigação

Impactos das alterações climáticas no Nepal

As alterações climáticas são uma preocupação globalmente emergente devido à alteração dos parâmetros climáticos, como a temperatura, a precipitação e a humidade do solo. Tem interacções múltiplas e complexas, impactos directos e indirectos em quase todos os sectores de subsistência, incluindo a agricultura, a silvicultura, a saúde e a água, desde a escala global até à escala local (IPCC, 2014). Os países em desenvolvimento e as pessoas pobres e marginalizadas, incluindo os povos indígenas, que vivem em ecossistemas rurais e frágeis, são os mais vulneráveis e estão na linha da frente destes impactos (Regmi e Bhandari, 2013), uma vez que dependem dos recursos de subsistência sensíveis ao clima e têm capacidades limitadas para lidar com os impactos. Os riscos e perigos climáticos reduziram os recursos e benefícios dos meios de subsistência nas zonas rurais, remotas e frágeis (Agrawal, 2008). O Nepal, sendo um país menos desenvolvido, está na linha da frente dos impactos das alterações climáticas. O Governo do Nepal/Ministério do Ambiente (GoN/MoE) revelou que, nas últimas décadas, 4 000 pessoas perderam a vida e que as perdas económicas causadas pelas catástrofes induzidas pelo clima, como inundações, deslizamentos de terras e secas, ascenderam a 5,34 mil milhões de dólares no Nepal2 . A avaliação do impacto económico das alterações climáticas nos principais sectores de subsistência em 2013 estimou o custo total em 270 a 360 milhões de USD/ano, o que representa 1,5 a 2% do PIB atual (GoN/MoPE, 2016).

As alterações climáticas são um problema ambiental realmente preocupante, uma vez que é difícil prever os seus impactos, que variam enormemente no tempo e no espaço. Colocam obstáculos à agricultura e ao desenvolvimento sustentável nos países em desenvolvimento (IIED, 2011). Apresentou ameaças adicionais ao desenvolvimento no Nepal devido à tendência para o aumento da temperatura e à variabilidade da precipitação, que conduziram a catástrofes induzidas pelo clima em todo o país (Maharjan et al., 2011). O NAPA identificou 29 distritos do Nepal como altamente vulneráveis a deslizamentos de terras, assim como 22 distritos vulneráveis à seca e 12 distritos propensos a inundações de lagos glaciares (GLOFs) e 9 distritos severos a inundações (GoN/MoPE, 2016). Prevê-se que os impactos das catástrofes induzidas pelo clima sejam exacerbados no futuro com temperaturas mais elevadas e padrões de precipitação incertos (MdE, 2010; Banco Mundial, 2013). Trata-se de uma preocupação real para o desenvolvimento sustentável da agricultura (AEA Energy and Environment, 2007). Tem impactos graves e adversos na

---

agricultura. Existem opções limitadas para garantir um sistema agrícola robusto que possa suportar as consequências mais graves da projeção das alterações climáticas no futuro (IIED, 2011).

Apesar de ser o país que menos contribui para as emissões globais de gases com efeito de estufa, o Nepal é o que mais enfrenta os impactos das alterações climáticas, devido à sua pobreza, à sua grande dependência de recursos sensíveis ao clima e à sua menor capacidade para enfrentar esses impactos. A topografia montanhosa e difícil e as condições socioeconómicas também conduziram a uma grande vulnerabilidade do país. Além disso, o país tem sofrido com o aumento da frequência de fenómenos meteorológicos extremos, como inundações, deslizamentos de terras e secas, que afectam as vidas e os meios de subsistência (GoN/MoPE, 2016). O GoN/MoE (2010a) identificou seis áreas temáticas direta e indiretamente afectadas pelas alterações climáticas e que necessitam de adaptações no Nepal, nomeadamente a agricultura e a segurança alimentar, as florestas e a biodiversidade, os recursos hídricos e a energia, a povoação urbana e as infra-estruturas, as catástrofes induzidas pelo clima e a saúde pública. No entanto, o presente estudo centrou-se nos impactos das alterações climáticas na agricultura, na pecuária, nas florestas e na biodiversidade, nas infra-estruturas físicas e nos recursos hídricos, que são extremamente importantes para as comunidades rurais, tendo em vista a sua subsistência sustentável.

Impactos na agricultura

A agricultura é a principal fonte de economia, embora apenas 27% das terras do país sejam cultiváveis (AIT-UNEP RCC AP, 2010). É a principal fonte de subsistência da população rural do Nepal. A economia nacional depende significativamente da agricultura (Shrestha e Maharjan, 2014). Fornece alimentos e é a principal base dos meios de subsistência no Nepal, que é extremamente sensível aos impactos das alterações climáticas, uma vez que está altamente dependente da precipitação para a irrigação. As alterações climáticas têm impactos significativos na agricultura através da alteração da temperatura, da precipitação, da concentração de CO_2 e da interação destes elementos (Sharma & Dahal, 2011). A alteração do clima influencia em grande medida a produção e o rendimento das culturas, uma vez que é um fator determinante da produtividade agrícola nos países em desenvolvimento como o Nepal (Maharjan & Joshi, 2012). Barlett et al., (2010) analisaram os impactos climáticos na agricultura em função das monções de verão e na agricultura em função da neve, do gelo e do degelo dos glaciares. A CQNUAC (2007) previu que os países em desenvolvimento, como o Nepal, enfrentariam uma enorme escassez de alimentos e água nas próximas décadas devido aos impactos das alterações climáticas. Os padrões de precipitação variam consoante as estações e a geografia. Assim, a produção agrícola depende de uma precipitação adequada e atempada durante as operações agrícolas. As comunidades têm vivido situações de stress durante o cultivo das culturas devido a padrões de precipitação inoportunos e erráticos. Consideram que a alteração do clima é responsável pelo declínio da produção agrícola e pecuária (GoN/MoE, 2010a).

Os impactos das alterações climáticas na agricultura são prejudiciais devido à elevada dependência do clima e da precipitação (Shrestha e Maharjan, 2014). Além disso, a perda de espécies e variedades tradicionais proeminentes, o aparecimento de novas espécies invasoras e a alteração dos campos agrícolas e dos ecossistemas, o aparecimento de insectos, pragas e doenças novos e desconhecidos, a perda de terras agrícolas e o facto de as terras cultiváveis se terem tornado estéreis e inférteis, a perda de culturas agrícolas, a perda e a escassez de sementes e grãos de qualidade são alguns dos impactos graves das alterações climáticas na agricultura. Estes impactos das alterações climáticas na agricultura têm sérias implicações nos meios de subsistência, na segurança alimentar, no bem-estar e na sociedade em geral. Malla (2008) referiu que a diminuição do enchimento dos grãos, a deslocação das zonas agrícolas, o aumento das infecções por pragas, a desertificação, a degradação dos solos devido à erosão dos solos, a evapotranspiração, entre outros, são devidos às alterações climáticas, o que, em última análise, conduz à diminuição da produção e da produtividade agrícolas. Além disso, a perda da camada superior do solo devido à erosão e aos deslizamentos de terras, os danos físicos directos causados às plantas por inundações e alagamentos, a redução do nível e da qualidade das águas subterrâneas devido a períodos de seca prolongados são desafios adicionais decorrentes das alterações climáticas (Sharma & Dahal, 2011).

Impactos na pecuária

Tal como a agricultura, o sector da pecuária também é altamente afetado pelas alterações climáticas, uma vez que é uma componente importante do sistema agrícola e do sistema de subsistência nepalês. A análise efectuada por Desalegn (2016) revelou a grande influência das alterações climáticas no desempenho da produção de animais de criação em todo o mundo. Também no Nepal, as alterações climáticas colocam desafios aos sistemas sustentáveis de produção animal. A produtividade e a distribuição dos efectivos pecuários dependem de recursos naturais sensíveis ao clima. Além disso, as inundações e outras catástrofes induzidas pelo clima provocam lesões físicas directas e danos nos animais. Além disso, as comunidades dependentes da pecuária são pobres, marginalizadas e, por conseguinte, muito susceptíveis às alterações climáticas (Gurung et al., (eds.) 2011).

Nas altas montanhas do Nepal, os agricultores continuam a seguir o sistema de transumância para a migração do gado, sendo assim afectados pela mudança das zonas climáticas, ao passo que nas colinas e nas zonas do Tarai, o gado é afetado por inundações, deslizamentos de terras e secas. De facto, foram realizados muito poucos estudos sobre os impactos das alterações climáticas na pecuária. Os principais impactos das alterações climáticas na pecuária incidem sobretudo na produção animal, na produtividade, na epidemiologia das doenças dos animais, no stress térmico e na incidência de infertilidade e esterilidade. A época de parto foi afetada devido ao aumento da temperatura. Além disso, as alterações climáticas têm um impacto indireto na diminuição da produção de forragens e pastagens devido à elevada precipitação, às chuvas irregulares e às longas secas (Thakur, 2011). Do mesmo modo, Sharma e Dahal (2011) também destacaram os impactos nas pastagens, na produção e na produtividade de forragem e forragem, resultando na diminuição da produção e da produtividade pecuária.

Impactos na floresta e na biodiversidade

As florestas e a biodiversidade são um dos sectores importantes identificados pelo processo NAPA do Nepal, uma vez que estão a ser gravemente afectadas pelas alterações climáticas. Cerca de 40% do território total do Nepal está coberto por florestas e 40% da população total está envolvida em sistemas de gestão florestal de base comunitária (Rupantaran Nepal, 2011). As alterações climáticas têm um impacto significativo na mudança da ecologia. As trajectórias das alterações climáticas globais tiveram impacto nas comunidades de vegetação florestal no Nepal (Thapa et al., 2015). As florestas, os prados e toda a ecologia são convertidos, fragmentados e degradados devido às alterações climáticas, antropogénicas e de utilização dos solos. As condições climáticas extremas levaram à deslocação das zonas agro-ecológicas, a precipitações intempestivas e erráticas, a períodos de seca prolongados que, em última análise, provocam o desaparecimento das florestas em algumas zonas, ao aparecimento de novas espécies invasoras, como Mikania (Mikania micrantha) e Chromolaena (Chromolaena odorata), à perda de espécies nativas devido à perda de habitats, à incidência de novas pragas e doenças, à perda de terrenos florestais produtivos, à perda de biodiversidade, especialmente devido a deslizamentos de terras, inundações, erosões das margens dos rios, etc. (GoN/MoE, 2010a). Os incêndios florestais aumentaram devido às longas secas que, em última análise, tiveram um impacto na perda de florestas, biodiversidade e recursos naturais, tal como revelado por Sharma e Dahal (2011). Sublinharam ainda que os incêndios florestais têm um impacto devastador na cultura do cardamomo, que é uma das culturas de rendimento mais importantes nas florestas das colinas orientais do Nepal. O GoN/MoE (2010a) informou mesmo que mais de 50 000 pessoas foram afectadas pela incidência de incêndios florestais recentemente devido a condições climáticas extremas. A maior parte das comunidades também registou alterações sazonais, nomeadamente a germinação, floração e frutificação precoces de muitas espécies de plantas em relação às estações normais.

Impactos nas infra-estruturas físicas

Além disso, as alterações climáticas também afectaram gravemente as infra-estruturas físicas, tais como estradas, canais de irrigação, casas e edifícios como escolas, edifícios comunitários, pontes e bueiros, etc. Todas estas infra-estruturas melhoram o acesso das comunidades à informação, à educação e ao mercado. As escolas, em muitos casos, ajudam a comunidade como centros de evacuação durante as catástrofes induzidas pelo clima. A maioria destas infra-estruturas nas zonas rurais é feita de pontes, lama e colmo com base nos recursos disponíveis localmente, não sendo, portanto, suficientemente fortes para resistir às condições climáticas adversas. Algumas das pequenas pontes são feitas com madeira e outros materiais disponíveis localmente. Em muitos casos, a construção não planeada destas infra-estruturas, como estradas, pontes, canais de irrigação, etc., está, de facto, a apoiar os impactos das alterações climáticas. Por exemplo, a construção de estradas sem ter em conta as preocupações ambientais no projeto durante a estação das chuvas, especialmente nas regiões montanhosas da zona rural do Nepal, provoca deslizamentos de terras e a erosão dos solos. Do mesmo modo, muitas das pessoas pobres e marginalizadas estão instaladas perto dos rios e das zonas florestais, incluindo as zonas marginalizadas e ecologicamente frágeis, e as suas casas são feitas de recursos disponíveis localmente, pelo que são altamente vulneráveis aos impactos das alterações climáticas.

Impactos nos recursos hídricos

O recurso hídrico é um dos recursos disponíveis em abundância no Nepal, com 6000 rios e 5358 lagos, mas não está distribuído de forma equitativa, tanto espacial como temporalmente. Os impactos das alterações climáticas fazem-se sentir com maior gravidade nos recursos hídricos (Barlett et al., 2010; Bhuju et al., n.d.), que são um recurso crucial para a subsistência em geral e também para a agricultura. Todo o padrão climático e meteorológico se tornou imprevisível e mais errático, particularmente na monção. A maioria dos agricultores do Nepal depende da precipitação para as operações agrícolas, como a preparação da cama de arroz, a transplantação de arroz e a irrigação de outras culturas agrícolas. No passado, os agricultores costumavam prever a precipitação durante a monção, mas, atualmente, é difícil prever e planear a precipitação de acordo com a experiência dos agricultores. Em média, cerca de 85% da precipitação ocorre nos 4 meses da monção (junho a setembro) todos os anos. Se não houver uma precipitação regular e previsível, os glaciares e as águas subterrâneas, que são as principais fontes de água, não são recarregados de forma adequada, pelo que as descargas sazonais dos sistemas fluviais têm de ser gravemente comprometidas (AIT-UNEP RRC.AP, 2010). A seca de 2008-09 fez cair a produção de cevada e de trigo e as inundações do mesmo ano destruíram áreas significativas de culturas agrícolas (Barlett et al., 2010). Devido aos períodos de seca prolongados e às secas provocadas pelas alterações climáticas, muitas das fontes de água e das bicas de água (especialmente no vale de Katmandu) estão a secar no Nepal. Shrestha e Maharjan (2016) referiram também que os impactos das alterações climáticas agravaram ainda mais o problema da secagem dos recursos hídricos tradicionais, conduzindo assim à escassez de água no Nepal. A maioria das comunidades é afetada pelas alterações climáticas, quer devido a demasiada água, como as inundações, quer devido a muito pouca água, ou seja, a seca. Ambas afectam a agricultura, a silvicultura, a pecuária e, em última análise, os meios de subsistência e o bem-estar das pessoas. Há muitos casos em que as mulheres têm de percorrer longas distâncias para ir buscar água potável, especialmente nas colinas e montanhas, a situação é mais difícil, uma vez que têm de transportar água potável às costas durante mais de horas até às colinas. Muitas pesquisas mostraram que as áreas planas são propensas a inundações, enquanto que as colinas e montanhas são propensas a secas, deslizamentos de terra e GLOFs. O GoN/MoE (2010a) salientou que o stress hídrico devido às alterações climáticas tem um impacto direto na produtividade agrícola, na segurança alimentar, na saúde humana e no saneamento.

O impacto das alterações climáticas nos recursos hídricos afectou direta ou indiretamente a agricultura e a segurança alimentar em países como o Nepal, onde um grande número de pessoas se dedica à agricultura (Barlett et al., 2010). Devido aos prolongados períodos de seca, a maioria dos lagos está a secar e a transformar-se em solo. Do mesmo modo, o nível da água nos lagos baixou durante o verão. Até a capacidade de recarga de água se tornou comparativamente menor. Os lagos do Parque Nacional de Chitwan (CNP) e das zonas-tampão, incluindo o lago Beesh Hazari, estão a secar devido às altas temperaturas. Há informações de que dois lagos do parque nacional já secaram e os níveis de água noutros lagos diminuíram drasticamente (Setopati, 11 de maio de 2017

 Acedido em 22 de maio de 2017). As implicações desta alteração do ecossistema devido à escassez de água são enormes. Perda de muitas espécies aquáticas e surgimento de novos recursos biológicos ao longo do ano que, em última análise, alteram as vidas e os meios de subsistência das pessoas que vivem nas áreas circundantes. A desflorestação na região de Chure é uma das principais causas da secagem dos lagos.

Avaliação global dos impactes das alterações climáticas no Nepal

A maioria dos impactos das alterações climáticas está a afetar todos os aspectos da vida das pessoas nos sistemas socioeconómicos humanos e nos sectores de subsistência dos indivíduos, agregados familiares e comunidades. As alterações climáticas são uma questão transversal que afecta todos os sectores dos meios de subsistência. No entanto, são as pessoas pobres, marginalizadas e vulneráveis as mais afectadas. Assim, é crucial compreender como estão interligados a todos os recursos dos meios de subsistência para o desenvolvimento básico e a redução da pobreza. Por exemplo, os impactos dos recursos hídricos terão implicações na agricultura e na segurança alimentar e nos aspectos gerais dos meios de subsistência. Por conseguinte, o planeamento da adaptação ou do desenvolvimento não deve centrar-se apenas nas questões relacionadas com os recursos hídricos, mas sim na viabilização de todo o quadro de meios de subsistência (ISET, 2008). As alterações climáticas têm uma série de implicações negativas adicionais para os países em desenvolvimento como o Nepal e, mais especificamente, para as comunidades pobres. O Nepal é um dos países mais vulneráveis às alterações climáticas devido às catástrofes provocadas pela água e aos fenómenos hidrometeorológicos extremos que afectam mais os pobres (GoN/MoPE, 2016). A pobreza e a vulnerabilidade estão interligadas, uma vez que a menor capacidade económica, política e organizacional dos indivíduos, agregados familiares ou comunidades conduz a uma maior vulnerabilidade e a tensões e choques climáticos (Nay et al., 204). O ISET (2008) salientou a necessidade de uma melhor compreensão dos impactos das alterações climáticas, incluindo os factores que afectam a vulnerabilidade dos diferentes grupos de pessoas, e de reforçar as capacidades das principais partes interessadas, incluindo as comunidades a nível local e nacional.

Políticas e planos climáticos no Nepal

As alterações climáticas são uma questão global com impactos a nível local e nacional, pelo que têm sido cada vez mais discutidas e debatidas a nível nacional e internacional, principalmente na agenda do ambiente e do desenvolvimento sustentável desde 1990 (Ahmad, 2009). O 4.º relatório de avaliação do Painel Intergovernamental sobre as Alterações Climáticas (IPCC) afirmou que a adaptação às alterações climáticas deve gerir os recursos existentes como parte das estratégias nacionais ou regionais conducentes ao desenvolvimento sustentável. De facto, gere as actividades de desenvolvimento para melhorar simultaneamente os meios de subsistência das pessoas e reduzir os impactos das alterações climáticas (Nay et al., 2014). Além disso, os impactes e a adaptação às alterações climáticas são igualmente reconhecidos no domínio científico e político a nível mundial, regional e nacional. O Nepal aprovou e adoptou numerosas políticas, acordos e compromissos internacionais relacionados com as alterações climáticas, incluindo a CQNUAC e o Protocolo de Quioto (Tiwari et al., 2014). Em conformidade com estes acordos e compromissos internacionais, o Governo do Nepal está empenhado em fazer face aos impactos das alterações climáticas a nível local e nacional e em participar e contribuir ativamente para as negociações globais e regionais sobre as alterações climáticas.

Os governos desenvolveram e integraram políticas e planos climáticos em planos e agendas de desenvolvimento mais amplos a vários níveis (IPCC, 2014). Antes de 2010, nenhuma política específica no Nepal abordava diretamente a questão da adaptação às alterações climáticas (AIT-UNEP RRC AP, 2010). O Nepal também desenvolveu o Programa de Ação Nacional de Adaptação (PANA) em 2010 com as suas prioridades nacionais de adaptação (MoE, 2010). Além disso, o governo aprovou a política nacional em matéria de alterações climáticas e o quadro nacional do plano de ação para a adaptação local (LAPA) em 2011 para aplicar as prioridades do PANA (GoN 2011). O governo também criou um conselho para as alterações climáticas sob a presidência do Primeiro-Ministro e reforçou o Ministério da Ciência, Tecnologia e Ambiente (MoSTE) e o seu mandato através da aprovação da divisão das alterações climáticas (Regmi e Bhandari, 2012). Muitas instituições estão direta ou indiretamente envolvidas no processo de formulação destas políticas, tanto a nível nacional como local, no Nepal (Regmi & Star, 2014). Outras iniciativas nacionais do Governo do Nepal são o Programa Piloto para a Resiliência Climática (PPCR), a Redução das Emissões resultantes da Desflorestação e da Degradação Florestal nos Países em Desenvolvimento (REDD) e o Programa de Apoio às Alterações Climáticas do Nepal (NCCSP).

Além disso, o consórcio do Comité de Coordenação das Iniciativas de Alterações Climáticas Multissectoriais (MCCICC) foi formado a nível nacional para coordenar as actividades de alterações climáticas com os ministérios e instituições relevantes, académicos e doadores. O comité é responsável por melhorar a comunicação entre as instituições relevantes para promover sinergias, evitar duplicações e otimizar os benefícios. Facilita igualmente o desenvolvimento de consensos para o financiamento, a aplicação efectiva, o acompanhamento e a avaliação dos planos e estratégias de adaptação. É composto por representantes dos coordenadores do GT-NAPA3 , do gabinete do Primeiro-Ministro e do Conselho de Ministros, da Comissão Nacional de Planeamento, de instituições que trabalham no domínio das alterações climáticas, do meio académico, das administrações locais e dos parceiros de desenvolvimento (doadores e agências de execução) (MoSTE, 2015). O Governo do Nepal (GoN) deu prioridade às adaptações baseadas na comunidade (CBAs) e está a fazer progressos na formulação de políticas e planos climáticos que ligam as práticas locais e baseadas na comunidade às políticas e planos a nível nacional. As experiências nepalesas de integração das ACB nas políticas, planos e programas nacionais em matéria de clima constituem lições importantes para outros países menos desenvolvidos (PMD).

Política de alterações climáticas

A política nacional em matéria de alterações climáticas foi desenvolvida em conformidade com as políticas internacionais relacionadas com a adaptação e a atenuação (Mainaly e Tan, 2012). A política tem por objetivo melhorar os meios de subsistência da população através da adaptação e da atenuação dos impactos adversos das alterações climáticas. Além disso, a política tem como objectivos a adoção de uma via de desenvolvimento socioeconómico com baixas emissões de carbono para cumprir os compromissos e acordos do país a nível nacional e internacional relacionados com as alterações climáticas. Tem 7 objectivos políticos específicos que se centram principalmente na adaptação às alterações climáticas e na redução do risco de catástrofes; no desenvolvimento económico com baixas emissões de carbono e na resiliência climática; nos recursos financeiros; no reforço das capacidades e na participação; na investigação; no desenvolvimento e na transferência de tecnologias; e na gestão dos recursos naturais respeitadora do clima (MoSTE, 2015). A política também inclui reformas institucionais específicas, como o conselho para as alterações climáticas, para coordenar os programas relacionados com o clima a nível político, e o MoSTE, para as funções operacionais e de gestão (Davis e Li,

---

3 NAPA-TWG - Programa de Ação Nacional de Adaptação - Grupo de Trabalho Temático

2013).

Programa de Ação Nacional de Adaptação (NAPA)

O PANA abrangente e inclusivo foi desenvolvido no Nepal para permitir ao país responder aos impactos das alterações climáticas de forma mais estratégica através da avaliação das vulnerabilidades climáticas e da definição de prioridades para as adaptações. O seu objetivo é permitir que o país responda estrategicamente aos impactos e desafios das alterações climáticas. O PANA visa essencialmente as prioridades de adaptação a curto e a longo prazo, o desenvolvimento e a manutenção de uma plataforma de gestão dos conhecimentos e de aprendizagem, bem como o desenvolvimento de um quadro de acções multilateral. O PANA tem como principal objetivo integrar os resultados da adaptação na agenda nacional de desenvolvimento, para além da redução da pobreza, da diversificação dos meios de subsistência e do reforço da resiliência das comunidades (Tiwari et al., 2014). O PANA tem prioridades nacionais de adaptação, que foram desenvolvidas através do processo de abordagens programáticas, participativas e ascendentes com o envolvimento de várias partes interessadas. O NAPA deu prioridade a 80% do orçamento total para a implementação das prioridades do NAPA a nível local (MoE, 2010; Tiwari et al., 2014).

O PANA tem prioridades nacionais de adaptação, mas também pretende ter em conta as estratégias de sobrevivência existentes a nível comunitário e basear-se nelas para identificar e promover actividades prioritárias (LIBIRD, 2009). O Ministério da População e do Ambiente (MoPE) é a agência responsável pela coordenação geral do PANA entre os ministérios, departamentos e outras instituições responsáveis pela implementação das prioridades do PANA a nível central. É também responsável pela monitorização e avaliação dos planos e estratégias de adaptação a nível nacional, ao passo que os Comités de Coordenação Distrital (CCD), formados nos Comités de Desenvolvimento Distrital (CDD), são os principais responsáveis pela execução e monitorização dos planos e estratégias de adaptação a nível local (MdE, 2010).

Plano de Ação de Adaptação Local (LAPA)

O Nepal iniciou o quadro LAPA formal no mundo, que se destina basicamente a operacionalizar os objectivos e prioridades definidos pelo NAPA e pela política de alterações climáticas a nível nacional (Tiwari et al., 2014). O quadro LAPA também segue as disposições obrigatórias de desembolso de pelo menos 80% do orçamento climático disponível diretamente ao nível local. A diretriz LAPA foi desenvolvida para facilitar a implementação do LAPA a diferentes níveis com base nas tendências climáticas localizadas e específicas, nos seus impactos e nas estratégias de adaptação (GoN, 2011;

Peniston, 2013).

O comité de desenvolvimento da aldeia (VDC) ou o comité de desenvolvimento municipal e distrital (DDC) é a principal unidade administrativa para a implementação do LAPA (Mainaly e Tan, 2012). O LAPA enfatizou a integração da adaptação e da resiliência nos processos de planeamento do desenvolvimento, desde o nível local ao nacional, nas abordagens de "reach-up" e "draw down", flexíveis, inclusivas e reactivas (GoN, 2011). O LAPA indicou claramente o apoio ao planeamento da adaptação a nível local, abordando as questões climáticas específicas do local das comunidades e agregados familiares mais vulneráveis (Helvetas, 2011). A integração das LAPAs é feita principalmente no planeamento a nível das aldeias, municípios, distritos e sectores, com base na Lei da Auto-Governação Local (1999). Basicamente, fornece as ligações verticais e horizontais através do planeamento de baixo para cima entre o governo e as organizações não governamentais através de um planeamento e implementação eficazes com a participação do género, pessoas marginalizadas e étnicas.

Estratégia de desenvolvimento económico com baixas emissões de carbono (LCEDS)
O Governo do Nepal formulou a estratégia com o objetivo de identificar as principais abordagens e intervenções no país para maximizar os potenciais de resiliência e de crescimento económico com baixas emissões de carbono sem comprometer o potencial de crescimento global de todos os sectores de desenvolvimento, incluindo a energia, a silvicultura, a agricultura, a indústria, os transportes, as infra-estruturas, os resíduos e as questões transversais. O principal objetivo da estratégia é o desenvolvimento compatível com o clima, visando o desenvolvimento, a atenuação e a adaptação. A estratégia seguiu o processo de desenvolvimento participativo que envolve múltiplas partes interessadas, basicamente para aumentar a sensibilização e gerar um entendimento comum sobre as alterações climáticas e o desenvolvimento, partilhar e validar dados, feedbacks e sugestões e, mais importante ainda, gerar a apropriação das partes interessadas. Foram organizadas várias reuniões consultivas e workshops a nível do grupo de trabalho temático (GTT), regional, central e setorial (AEPC, 2017; Sharma, 2017).
Planos Nacionais de Adaptação (PNA)
A CQNUAC impôs o processo do plano nacional de adaptação (PNA) como forma de facilitar o planeamento da adaptação nos países menos desenvolvidos (PMD) e noutros países em desenvolvimento através da avaliação dos riscos e vulnerabilidades e da integração da adaptação (CQNUAC, 2012). Atualmente, o GoN está a formular o Plano

Nacional de Adaptação (PNA) para fazer face aos impactos das alterações climáticas a longo prazo e às vulnerabilidades climáticas. O Ministério da População e do Ambiente (MoPE) é responsável pela coordenação e liderança do processo. Recentemente, o MoPE organizou sessões interactivas com a participação ativa de organizações governamentais e não governamentais, incluindo a Practical Action, o ICIMOD, o NCCSP, o WWF Nepal e a CARE Nepal, a fim de gerar um entendimento comum sobre o processo do PAN e os seus resultados. O processo do PAN identificou igualmente 7 áreas temáticas, incluindo a agricultura e a segurança alimentar, as catástrofes provocadas pelo clima, as florestas e a biodiversidade, a saúde (água e saneamento), o turismo, incluindo o património natural e cultural, os aglomerados urbanos e as infra-estruturas, e os recursos hídricos e a energia. Além disso, duas áreas transversais - género e inclusão social e meios de subsistência e governação - são também reconhecidas como áreas importantes que estão a ser afectadas pelos impactos das alterações climáticas. Todas estas áreas temáticas e transversais foram lideradas pelos secretários conjuntos dos ministérios em causa (Uprety, 20 de janeiro de 2017).

Avaliação global das políticas e planos climáticos no Nepal

O conflito armado que durou uma década no Nepal teve certamente um impacto no desenvolvimento nacional global, na governação, nas políticas e nos planos, incluindo as políticas e os planos relativos às alterações climáticas. Isto deve-se ao facto de a política partidária ter influenciado e afetado quase todos os aspectos da sociedade e dos meios de subsistência, mesmo a nível local. A pressão política, incluindo as pressões ambientais e económicas, levou à migração de jovens e homens para as zonas urbanas e também para países estrangeiros durante o conflito armado, o que resultou no abandono das terras agrícolas, provocando a erosão dos solos em socalcos frágeis e sem manutenção, aumentando a carga de trabalho das mulheres e fazendo com que as remessas se tornassem a espinha dorsal dos meios de subsistência. Esta tendência de migração mantém-se mesmo após o acordo de paz global (CPA) de 2006 e a declaração da República Federal Democrática do Nepal em 2008. Os impactos das alterações climáticas complicaram ainda mais os meios de subsistência frágeis e vulneráveis, levando a um agravamento da produtividade agrícola e da insegurança alimentar (Barlett et al., 2010).

As influências políticas também afectaram as políticas e os planos em matéria de alterações climáticas no Nepal. O Nepal apresentou o PANA em 2010, tendo sido um dos últimos países a apresentar o PANA à CQNUAC. No entanto, tornou-se um país pioneiro ao iniciar o LAPA, que é muito importante no contexto nepalês, tendo em conta as diversas variações geográficas, ecológicas e climáticas do país. Até o país começou a desenvolver planos de adaptação/planos de ação comunitários (CAP/CAPA), tendo em conta as diferenças de variações climáticas e socioeconómicas dentro da mesma localidade. No entanto, a aplicação efectiva destas políticas e planos é muito importante para fazer face aos impactos das alterações climáticas enfrentados pela população e para desenvolver as capacidades de adaptação e a resiliência. A maior parte destas políticas tem um carácter descendente, apesar da ênfase dada ao nível local no quadro do LAPA.

A adaptação é amplamente reconhecida como uma componente central das políticas climáticas no Nepal, apesar de muitos desafios no processo de elaboração de políticas adaptativas no decurso da minimização das vulnerabilidades climáticas (AIT-UNEP RCC AP, 2010). O PANA é o primeiro plano climático desenvolvido no Nepal como uma política climática integrada a nível nacional, com prioridades e projectos identificados, especialmente para as necessidades mais urgentes e imediatas de adaptação ao clima (GoN/MoPE, 2016). Foi orientado pela política e pelas directrizes internacionais, em vez de dar prioridade aos contextos e às questões climáticas nacionais e locais. O governo alegou que foi desenvolvido numa abordagem participativa com o envolvimento de várias partes interessadas, desde o nível local ao regional e nacional. Chaudhary et al., (2014) argumentaram que o PANA é demasiado geral e não conseguiu captar as necessidades locais. O custo total estimado é de 350 milhões de USD (MoE, 2010). No entanto, alguns especialistas em clima e organizações argumentaram que o custo total necessário é superior a mil milhões de USD para implementar eficazmente as prioridades do PANA (Oxfam, 2011). Trata-se de uma enorme quantidade de dinheiro necessária para a implementação das prioridades e projectos do PANA. O governo ainda está a lutar para garantir as fontes de financiamento para a implementação das prioridades do PANA.

A política em matéria de alterações climáticas complementa as prioridades do PANA, mas tem objectivos muito ambiciosos, como a criação de um centro de alterações climáticas para investigação, monitorização e assistência política/técnica (Maharjan & Maharjan, 2017). Falta-lhe uma orientação clara sobre o financiamento climático para a adaptação e a resiliência e alguns investigadores argumentaram que é altamente dominado pelas agências internacionais e não conseguiu envolver as várias partes interessadas, mesmo para consulta, no processo da sua formulação (Helvetas, 2011; Regmi & Bhandari, 2012). Além disso, a política é ampla, sem uma autoridade clara e formal e sem mecanismos de implementação e controlo. Além disso, as questões de confiança, clareza de papéis entre os ministérios, departamentos e outras partes interessadas são proeminentes nas políticas e planos climáticos no Nepal (Maharjan & Maharjan, 2017). Além disso, o clima do futuro é incerto e os conhecimentos actuais sobre o sistema climático são fundamentalmente fracos no contexto nepalês (AIT-UNEP RCC AP, 2010).

O processo LAPA, tal como orientado pelo PANA, também seguiu a abordagem participativa com a ênfase dada ao nível local para a tomada de decisões no planeamento e na gestão de fundos (MdE, 2010). No entanto, as competências e as capacidades das partes interessadas a nível local são as preocupações para a definição de prioridades e a implementação efectiva. Mainaly e Tan (2012) consideraram o LAPA como uma oportunidade para implementar os planos e prioridades de adaptação a nível nacional a nível local. No entanto, é crucial analisar a conceção organizacional e desenvolver a estrutura e o mecanismo para o planeamento e a implementação a nível local, uma vez que, de momento, não existem órgãos governamentais eleitos a nível local para uma implementação e coordenação eficazes, embora se espere que venham a funcionar num futuro próximo. Os conselhos a nível das aldeias e dos municípios são cruciais para a coordenação e a tomada de decisões efectivas no âmbito do LAPA no Nepal. Atualmente, 90 comités de desenvolvimento das aldeias (VDC) e 7 municípios (unidade administrativa mais pequena) do Nepal elaboraram LAPA e estão a ser implementados pelos VDC e municípios, principalmente nas regiões de desenvolvimento do Extremo-Oeste e do Centro-Oeste do Nepal. Além disso, foram elaborados cerca de 2200 planos de adaptação comunitária (CAP/CAPA) para a silvicultura comunitária (GoN/MoPE, 2016).

O processo dos PAN está ainda em curso no que respeita às adaptações climáticas a médio e longo prazo. Os PNA também prevêem a adaptação em políticas, estratégias, planos/programas e quadros sectoriais. A LCEDS dá ênfase às vias de desenvolvimento de baixo carbono através da utilização de energias renováveis e de abordagens intersectoriais. Visa basicamente alcançar os objectivos de desenvolvimento sustentável através de desenvolvimentos socioeconómicos e garantir a conservação do ambiente (GoN/MoPE, 2016). Para além destas políticas, há uma série de outras políticas direta ou indiretamente relacionadas com a adaptação às alterações climáticas, que se dividem em sistemas de gestão dos recursos naturais, sociais, económicos e financeiros. O sistema de gestão dos recursos naturais inclui: a) políticas de água potável e saneamento - plano de gestão dos recursos hídricos de 2005, estratégia de recursos hídricos de 2002; b) políticas de irrigação - política de irrigação de 2003, regulamento de irrigação de 2000; c) políticas florestais - estratégia de biodiversidade do Nepal de 2002, lei e regulamento florestal; d) políticas de ecossistemas - política nacional de zonas húmidas de 2003, política ambiental do Nepal e plano de ação de 1993; e) políticas energéticas - estatutos comunitários de eletricidade de 2003; f) políticas de catástrofes - estratégia nacional de gestão do risco de catástrofes de 2009, lei de calamidades naturais de 1982 (AIT-UNEP RCC AP, 2010).

Do mesmo modo, os sistemas sociais e económicos incluem as políticas em matéria de comunicação, educação, saúde e género, incluindo a constituição provisória do Nepal de 2007. Por último, os sistemas financeiros incluem as políticas relacionadas com a banca, o comércio, a indústria, os seguros, etc. A maioria destas políticas foi formulada no âmbito dos sistemas monárquicos constitucionais, pelo que não é justo esperar que estas políticas sejam eficazes para abordar as questões da adaptação às alterações climáticas (AIT-UNEP RCC AP, 2010). De facto, o GdN não conseguiu rever e alterar estas políticas com base no atual cenário de mudança no sistema governamental. Algumas destas políticas estão desactualizadas, mas o Governo não deu início ao desenvolvimento ou à alteração dessas políticas obsoletas.

Adaptação às alterações climáticas

A adaptação é indiscutivelmente importante no contexto nepalês para fazer face às questões complexas e aos impactos das alterações climáticas a todos os níveis. É fundamental reduzir os impactes adversos das alterações climáticas e aumentar a resiliência (UNFCCC, 2012). Uma vez que os impactes das alterações climáticas variam consoante as regiões e as localidades, as medidas de adaptação devem também ser específicas para cada local. De facto, é crucial desenvolver a investigação específica do país para quaisquer medidas de adaptação (Maharjan & Joshi, 2012). O programa de ação nacional de adaptação (PANA), o plano de ação local de adaptação (PALA) e os planos de ação/planos de adaptação comunitários (PAC/PACA) visam, respetivamente, os países, as localidades e as comunidades em desenvolvimento para fazer face aos impactos específicos das alterações climáticas. O plano nacional de adaptação (PNA) está a ser desenvolvido no Nepal para fazer face aos impactos das alterações climáticas a médio e longo prazo.

Para além do ajustamento aos impactos das alterações climáticas, a adaptação também contribui para o desenvolvimento socioeconómico das comunidades, uma vez que uma adaptação bem sucedida conduz ao desenvolvimento (Maharjan & Joshi, 2012). Há uma série de iniciativas e intervenções de adaptação que estão a ser implementadas pelas comunidades e agências de apoio, desde o nível local ao nacional, com diferentes níveis de sucesso. No contexto nepalês, o governo está a dar mais ênfase à adaptação do que à mitigação. Muitas intervenções de adaptação são bem sucedidas no tratamento das pressões climáticas específicas. Além disso, estão a ser desenvolvidas e executadas políticas de adaptação favoráveis a diferentes níveis, o que é muito importante para uma adaptação eficaz às alterações climáticas. No entanto, ainda há falta de dados e informações climáticos fiáveis devido à limitação das estações meteorológicas em diversas variações geográficas e climáticas nas zonas ecológicas do país. As comunidades transferiram, entre gerações, conhecimentos, competências e técnicas autóctones e tradicionais que, em certa medida, também são úteis para lidar com os impactos das alterações climáticas.

Adaptação na agricultura

A adaptação pode ser feita a vários níveis, desde o nível da exploração agrícola até ao nível político, como a alteração das práticas agrícolas, a alteração das variedades, a diversificação agrícola, a alteração dos padrões de cultivo, a criação de gado e a aquicultura, etc. Muitas destas mudanças ou intervenções de adaptação encontram-se no sector agrícola, quer por iniciativa das próprias comunidades, quer com o apoio de agências externas, incluindo organizações governamentais e da sociedade civil. A migração é também considerada como a forma mais popular de intervenções de adaptação da atualidade, o que pode ter consequências negativas para a sociedade. A migração tornou-se galopante nas aldeias nepalesas, especialmente para os países do Médio Oriente, devido à diminuição da produção agrícola devido a causas climáticas e não climáticas e a muitas outras razões socioeconómicas que acabaram por aumentar a carga de trabalho das mulheres na agricultura, principalmente para a monda, a rega, a colheita e o armazenamento (Sherpa, 2010). Outras adaptações na agricultura são os bancos de sementes comunitários para a conservação e utilização de diversas sementes, incluindo sementes resistentes à seca e às inundações, como as variedades locais tolerantes à seca e às inundações, como as variedades Tilki e Shyamjira, que são conservadas em bancos de sementes. Da mesma forma, as hortas caseiras, com a combinação de frutas, legumes, forragens e gado nos mesmos pedaços de terra, utilizam os recursos de subsistência de forma eficiente. LIBIRD (2009) relatou que os agricultores do Sul da Ásia, incluindo o Nepal, têm estado a adaptar-se às condições em mudança, utilizando práticas tradicionais de troca de sementes como parte de sistemas de sementes estabelecidos.

A nova forma de adaptação, como o seguro de colheitas, foi iniciada no Nepal nos últimos anos. Priya (2010) revelou que o seguro de colheitas é uma das mais importantes e sustentáveis abordagens de adaptação baseadas no mercado no domínio da agricultura para fazer face aos impactos das alterações climáticas. Do mesmo modo, a agricultura de leito de rio nas zonas afectadas e a agricultura de telhado, especialmente nas zonas urbanas, estão a ganhar popularidade como meios de enfrentar e intervenções de adaptação recentemente. Na agricultura de leito de rio, as culturas sazonais e tolerantes ao stress hídrico, como o amendoim, o tomate, a cabaça, o pepino e a melancia, são cultivadas nas margens dos rios. Ghimire e Bista (2009) sublinharam ainda a importância da agricultura mista, da agrossilvicultura, da agricultura de conservação, do biogás e dos biocombustíveis e da tecnologia de terrenos agrícolas inclinados (SALT) como meios eficazes de adaptação às alterações climáticas praticados pela comunidade, por si própria e com o apoio de agências externas.

Em muitos casos, os agricultores estão a lidar individualmente com as pressões e os impactos das alterações climáticas, embora também sejam comuns os esforços conjuntos. Alguns exemplos de esforços conjuntos para lidar com os impactos das alterações climáticas são o microfinanciamento, os microcréditos e as cooperativas de poupança, os grupos de agricultores e os grupos de irrigação que se apoiam mutuamente durante as situações difíceis para fazer face aos impactos das alterações climáticas. A coesão social e a partilha comunitária entre as comunidades locais nos grupos são muito favoráveis à redução dos impactos e à disseminação dos riscos e vulnerabilidades nas comunidades rurais (Gentle & Maraseni, 2012; Tiwari et al., 2012). O fundo comunitário e o financiamento proveniente de microfinanciamento de cooperativas estão a ajudar a lidar com os impactos das alterações climáticas com juros mínimos.

Adaptação relativa à pecuária

A pecuária é uma parte integrante da agricultura e de todo o sistema de subsistência no Nepal. É difícil separar a agricultura da pecuária, uma vez que ambas se harmonizam entre si. No entanto, a pecuária é considerada um sector distinto de apoio aos meios de subsistência dos agricultores, que também não está separado dos impactos das alterações climáticas. O sistema de transumância do gado nas regiões montanhosas do Nepal é uma das formas mais generalizadas de adaptação às alterações climáticas, praticada na região há muitas gerações pelas comunidades de alta montanha. Trata-se de uma das práticas de adaptação comunitária bem estabelecidas na região, centrada na migração do gado para escapar ao inverno gelado antes da cobertura de neve nas terras de pastagem. As políticas relativas à pecuária e ao clima no Nepal têm frequentemente ignorado esta forma de prática de subsistência, de gestão do gado e de adaptação ao clima (Aryal et al., 2014). Os autores sublinharam ainda que estas práticas tradicionais contribuem para a sustentabilidade do sistema, para os padrões de pastoreio e para as respostas adaptativas, que são influenciadas pelas mudanças nas políticas governamentais.

Além disso, o seguro de gado é o novo regime de adaptação recentemente iniciado também no Nepal. Maharjan e Maharjan (2017) referiram que o seguro pecuário de cabras e búfalos iniciado pelas cooperativas agrícolas e polivalentes de Ako, no distrito de Jogimara Dhading, é um exemplo de como os agricultores foram atraídos para este regime devido à baixa produtividade agrícola provocada pelos impactos das alterações climáticas. O seguro prevê a indemnização dos animais feridos e mortos devido aos impactos das alterações climáticas. Do mesmo modo, a criação de cabras e de aves de capoeira nos tanques de peixe ou perto deles, de modo a que os excrementos dos animais possam ser utilizados para alimentar os peixes, está a ganhar popularidade no Tarai e nas colinas mais baixas do Nepal. As hortas caseiras nas colinas e no Tarai integraram o gado como fonte de estrume e também o acesso fácil aos alimentos para o gado a partir das hortas caseiras, o que constitui um exemplo perfeito de intervenção de adaptação no contexto nepalês.

Adaptação relativa às florestas e à biodiversidade

Muitas intervenções de adaptação são desenvolvidas e praticadas no sector da silvicultura e da biodiversidade. No entanto, é importante que as intervenções de adaptação sejam rentáveis, flexíveis, baseadas nas necessidades e assegurem a equidade e o acesso às pessoas pobres, marginalizadas e vulneráveis (Rupantaran-Nepal, 2011). A silvicultura comunitária e os grupos de utilizadores florestais são fenómenos comuns no Nepal. A adaptação no sector florestal pode ser vista em termos de acções a curto e a longo prazo. Os planos de ação de adaptação comunitária (CAPA) são planos de adaptação a curto prazo desenvolvidos pela maioria dos grupos de utilizadores florestais comunitários no Nepal. Muitos CAPAs conduzirão a planos de ação de adaptação local (LAPA) numa determinada localidade. As florestas, as hortas caseiras, a agro-silvicultura e os campos produtivos com uma grande diversidade e práticas de utilização aumentam a adaptabilidade e reduzem a vulnerabilidade (LIBIRD, 2009). As comunidades indígenas e dependentes da floresta estão a lidar com as alterações climáticas com os seus conhecimentos, competências e práticas indígenas e tradicionais. Muitas dessas intervenções de adaptação e de enfrentamento baseadas na comunidade e algumas das adaptações introduzidas encontram-se em diferentes partes do país.

A tecnologia de terras agrícolas inclinadas (SALT), a plantação de árvores de crescimento rápido como a Champ (Michelia champaca), Dhupi (Cryptomeria sp.), Patle (Castanopsis hystrix) nas zonas propensas a inundações como medida de controlo biológico para reduzir as inundações e os deslizamentos de terras são algumas das práticas de adaptação comuns relacionadas com a floresta e a biodiversidade. A floresta e a biodiversidade geridas localmente destacam-se como práticas adaptativas e resistentes ao clima, uma vez que se baseiam em conhecimentos, práticas e aprendizagem experimental locais e indígenas eficazes (GoN/MoSTE, n.d.). Rupantaran-Nepal (2011) destacou as intervenções de adaptação centradas na resiliência dos ecossistemas, na resiliência da comunidade, na gestão dos conhecimentos e nas redes de segurança social. A resiliência dos ecossistemas incluiu intervenções como a gestão integrada das florestas e das bacias hidrográficas, o controlo das linhas de fogo florestais, fogões de cozinha melhorados e instalações de biogás, a conservação e a plantação de florestas ribeirinhas ao longo dos rios, visando abordagens a longo prazo e ecossistémicas. Em certa medida, esta abordagem também reforça a capacidade de resistência da comunidade. A resiliência da comunidade centra-se basicamente na geração de rendimentos, em pequenas empresas, em fundos rotativos entre as comunidades, etc. Além disso, os centros de recursos comunitários, o sistema de alerta precoce, a monitorização comunitária e a divulgação de informações, o fundo de emergência, etc., também estão a ser praticados em muitas partes do país.

Adaptação relativa às infra-estruturas físicas

As infra-estruturas físicas fortes e robustas resistem às pressões e aos choques climáticos e não climáticos. De um modo geral, as escolas e os edifícios públicos/comunitários da comunidade são os locais utilizados para evacuações ou assentamentos temporários durante os choques climáticos e não climáticos. Na maior parte das catástrofes provocadas pelo clima, a maioria das vítimas instala-se nas escolas e nos locais públicos, construindo acampamentos temporários durante meses. A maioria das comunidades construiu edifícios comunitários para reuniões e encontros comunitários regulares, que funcionam como locais de evacuação durante as cheias, erosões e terramotos. Nas zonas propensas a inundações, os centros de evacuação são também construídos nas zonas altas, de modo a que as vítimas possam ser evacuadas facilmente durante esses acontecimentos extremos. Além disso, as próprias comunidades adaptaram-se através da elevação do nível do plinto ou da fundação durante a construção das casas. No passado, eram comuns as casas de um só piso, que se transformaram em casas de 2-3 pisos, cimentadas e de betão. A construção de estradas, pontes, barragens e bueiros, bem como de templos e outros edifícios públicos, é muito importante do ponto de vista do desenvolvimento, da sociocultura e da adaptação. As estradas, as pontes e os bueiros melhoram geralmente a acessibilidade das populações, o que acaba por reforçar as suas capacidades de adaptação. Do mesmo modo, as escolas e os edifícios comunitários e os templos proporcionam locais para viver temporariamente durante as condições de stress, embora os principais objectivos destas infra-estruturas também reforcem direta ou indiretamente as capacidades de adaptação através da educação ou da ligação sociocultural. Por outro lado, as barragens de controlo e os diques nas margens dos rios são construídos basicamente para reduzir os impactos das alterações climáticas, sobretudo para controlar as inundações.

Adaptação relativa aos recursos hídricos

Há uma série de práticas de adaptação comunitárias relacionadas com os recursos hídricos, baseadas nos conhecimentos indígenas e locais. Os tanques de recolha de água, a micro-hidráulica e a micro-irrigação, a recolha de águas pluviais e a proteção das fontes de água são as principais intervenções de adaptação relacionadas com os recursos hídricos. A recolha de águas pluviais a nível doméstico e comunitário ajuda a recarregar os lençóis freáticos e também a satisfazer as necessidades de água da comunidade para uso doméstico, criação de gado e micro-irrigação (NEWAH, 2011). Nalgumas partes das zonas rurais, os agricultores recolhem a água da cozinha e das torneiras públicas ou privadas em pequenos lagos e utilizam-na para a irrigação das hortas. As práticas adaptativas locais e a irrigação gerida pelos agricultores, como os Raj Kulos (canais reais) e os sistemas locais de água potável, ainda estão a adaptar-se às alterações climáticas. Existem Raj Kulos ligados a bicas e poços de pedra. Há também exemplos como o sistema de irrigação de Argali, no distrito de Palpa, em que são construídos túneis através de terrenos rochosos e um design sofisticado para a distribuição de água (GoN/MoSTE, n.d.). Além disso, a manutenção ou renovação dos sistemas de abastecimento de água potável pela própria comunidade são também referidas como intervenções de adaptação em diferentes partes do país. É igualmente crucial promover sistemas de água de utilização múltipla de acordo com as necessidades e os contextos da comunidade. Shrestha e Maharjan (2016) sublinharam a importância da proteção e conservação das fontes de água tradicionais, como bicas de pedra, poços e reservatórios naturais que foram destruídos devido à falta de esforços de conservação. Muitos destes sistemas tradicionais de gestão da água são sustentáveis e desempenham um papel importante na satisfação das crescentes necessidades de água. Além disso, o moinho de água melhorado (IWM) pela comunidade no distrito de Accham foi referido pelo BNMT (2011) como uma tecnologia eficaz para as mulheres moerem os seus grãos nas zonas rurais. Thapa et al., (2011) salientaram que os mecanismos de adaptação às alterações climáticas na bacia hidrográfica do lago Rupa, no distrito de Kaski, constituem um bom modelo de adaptação comunitária ao longo da gestão da bacia hidrográfica, uma vez que asseguram serviços ecossistémicos a longo prazo, como a regulação da água, alimentos, fibras, reservas de peixe, variedades de culturas, controlo da erosão e proteção e conservação da flora e fauna aquáticas, florestas e produtos florestais não lenhosos (PFNL).

Avaliação global da adaptação às alterações climáticas

A adaptação às alterações climáticas é eficaz e sustentável quando tem em conta todos os aspectos da vida (ISET, 2008). É crucial reduzir os impactos adversos das alterações climáticas e aumentar a resiliência dos indivíduos, agregados familiares e comunidades (Nay et al., 2014). A maior parte das adaptações são autónomas e baseiam-se nos contextos climáticos locais, nas necessidades e nas competências e capacidades de adaptação e nas escalas dos impactos das alterações climáticas (Nepal, 2011). A adaptação deve satisfazer as necessidades locais da comunidade para fazer face aos riscos climáticos e conduzir ao desenvolvimento. Existe uma ligação entre a adaptação às alterações climáticas e o desenvolvimento, uma vez que se espera que ambos sejam resistentes à variabilidade climática atual e futura para melhorar a segurança dos meios de subsistência. Os planos de adaptação são integrados nos planos de desenvolvimento, mesmo a nível local e comunitário. É um processo lento para atingir o mesmo nível de adaptação antes de enfrentar quaisquer choques e tensões climáticas. Sempre que estiver totalmente adaptado aos choques e tensões climáticos, o desenvolvimento será alcançado. Os impactos das alterações climáticas são diferentes para os diferentes grupos de pessoas e também para os diferentes sectores de subsistência com base no género, casta/etnia, grupos sociais, localizações geográficas, etc. Do mesmo modo, a resposta e a adaptação também dependem dos diferentes grupos, género, casta, etnia, grupos sociais e localizações geográficas (Gentle e Maraseni, 2012). As inundações são proeminentes na região do Tarai, ao passo que os deslizamentos de terras e a erosão são graves nas colinas e os GLOF são devastadores nas montanhas. Do mesmo modo, as intervenções de adaptação diferem consoante as regiões, mesmo nos mesmos grupos sociais e de casta/etnia. Por exemplo, a elevação do nível do rodapé da casa através da utilização de lascas de madeira é comum no centro do Nepal, mas os agricultores elevaram o nível do rodapé utilizando uma combinação de lama, cimento e lascas de madeira.

A OCDE (2009) categorizou de forma interessante as intervenções de adaptação e os seus processos em: suportar perdas, partilhar perdas, modificar as ameaças, prevenir efeitos, alterar utilizações, alterar a localização, diversificar rendimentos, investigar e incentivar a mudança de comportamentos através da educação, da informação e da regulamentação. Por sua vez, Agrawal (2008) categorizou as intervenções de adaptação em cinco categorias - mobilidade, armazenamento, diversificação, agrupamento comunitário e troca de mercados. Pode haver muitas categorias diferentes definidas por investigadores e organizações individuais. No entanto, a maioria das intervenções ou opções de adaptação acabam por melhorar as capacidades de adaptação e a resiliência das comunidades para lidar com as pressões e choques climáticos. A Tabela 1 abaixo apresenta um resumo das intervenções/opções de adaptação definidas pela OCDE (2009) e por Agrawal (2008) com exemplos (modificados pelos outros conforme apropriado). Trata-se apenas de exemplos de algumas das intervenções/opções de adaptação. É mais ou menos claro que nem uma única medida de adaptação pode garantir o êxito e a eficácia da adaptação.

Quadro 1: Resumo das intervenções/opções de adaptação definidas pela OCDE (2009) e Agrawal (2008)

Opções de adaptação (OCDE, 2009)	Processos/exemplos	Categorias de adaptação (Agrawal, 2008)
Perdas de ursos	Não fazer nada, simplesmente aceitar as perdas	-
Perdas de acções	Partilha das perdas entre as comunidades mais alargadas, famílias, ajuda pública, reabilitação, reconstrução, etc.	Pooling coletivo
Modificar as ameaças	Construção de diques, edifícios sistemas de irrigação	Diversificação, agrupamento comunitário
Prevenir os efeitos	Alteração das práticas de gestão das culturas, aumento da água de irrigação, fertilizantes, controlo de pragas/doenças	Diversificação, mercado troca
Alterar utilizações	Seleção de produtos resistentes à seca variedades,	Diversificação, armazenamento
Mudar de local	Deslocalização das principais culturas, migração para as terras altas	Mobilidade, armazenamento
Diversificação dos rendimentos	Mais do que opções económicas únicas, a sustentabilidade dos meios de subsistência	Diversificação, mobilidade, armazenamento, mercado troca
Investigação	Investigação avançada, novas tecnologias e métodos	Troca de mercado, partilha colectiva
Incentivar a mudança de comportamento através de educação, informação e regulamentação	Divulgação de conhecimentos através da educação, da informação ao público campanhas	Piscina colectiva, bolsa de valores, mobilidade

Adaptação de base comunitária (ACB)

Conceito de adaptação de base comunitária (ACB)

A adaptação de base comunitária (ACB) é um campo de investigação e uma comunidade de prática que visa basicamente melhorar os meios de subsistência, reduzir a pobreza e lidar com os choques e tensões climáticos e não climáticos (Nay et al., 2014). O PANA também deu prioridade à promoção da adaptação baseada na comunidade através da gestão integrada da agricultura, silvicultura, incluindo pastagens e biodiversidade. Além disso, enfatizou a integração da adaptação às alterações climáticas, incluindo a adaptação baseada na comunidade, no planeamento do desenvolvimento (MdE. 2010). De facto, os planos de adaptação comunitária/planos de ação de adaptação (CAP/CAPA) são muito comuns no contexto nepalês. Muitas comunidades, por si próprias e com o apoio de organizações da sociedade civil, desenvolveram as suas próprias adaptações de base comunitária e planos de adaptação comunitária para fazer face aos impactos das alterações climáticas e também para atingir os objectivos de desenvolvimento. Assim, Regmi e Star (2014) referiram-se a ela como uma abordagem de adaptação da base para o topo que enfatiza o acesso direto das pessoas pobres e marginalizadas ao financiamento climático e ao apoio tecnológico.

A vulnerabilidade climática é função da geografia, da dependência dos recursos naturais, incluindo os aspectos socioeconómicos e políticos que afectam as pessoas. As pessoas pobres e marginalizadas são altamente vulneráveis devido à sua localidade, dependência e menor capacidade de enfrentar as vulnerabilidades. A ACB é considerada eficaz porque capacita estas pessoas e comunidades através de abordagens baseadas na comunidade, fortalecendo as suas capacidades locais baseadas no conhecimento local e indígena. Apoia a redução do risco de catástrofes (DRR), o desenvolvimento comunitário e a capacitação da comunidade para enfrentar as questões das alterações climáticas. No entanto, muito pouca atenção é dada às comunidades, às suas práticas e experiências intergeracionais que lidam com o tempo e o clima com base nos seus conhecimentos e competências indígenas e tradicionais. A maior parte das prioridades e do financiamento da adaptação centra-se no planeamento nacional e em abordagens descendentes baseadas em modelos climáticos (Reid et al., 2009).

Muitas organizações nacionais e locais de base comunitária têm-se concentrado em capacitar as comunidades para a adaptação de base comunitária e para intervenções de desenvolvimento favoráveis à comunidade. A ACB é considerada um novo conceito no domínio da adaptação às alterações climáticas, embora as comunidades tenham vindo a lidar com as pressões e choques climáticos e não climáticos durante gerações, com base nos seus próprios conhecimentos, competências e práticas. No entanto, a ACB ajudou as comunidades a debater e a compreender o clima e os seus impactos entre si e a capacitarem-se para satisfazer as suas próprias necessidades e prioridades e para enfrentar os impactos com base nos seus próprios conhecimentos, competências e práticas. Nos últimos anos, muitos governos nacionais, agências multilaterais e bilaterais e agências não governamentais estão interessados na ACB para benefício das comunidades (Reid & Huq, 2014).

De facto, existem enormes práticas de adaptação baseadas na comunidade em todo o mundo, que não estão bem documentadas, nem compreendidas, nem promovidas através de intervenções de investigação e desenvolvimento. No entanto, algumas organizações e países começaram a investigar e a promover estas práticas de adaptação de base comunitária, tanto para melhorar os seus meios de subsistência como para lidar com os impactes das alterações climáticas. Há uma série de métodos e abordagens utilizados por estas organizações na investigação, documentação e desenvolvimento destas adaptações de base comunitária. O ISET (2008) sublinhou que as iniciativas de base comunitária para as alterações climáticas são os principais focos da investigação atual, principalmente catalisadas por ONG que envolvem a agricultura local, a redução do risco de catástrofes, a gestão de ecossistemas e intervenções relacionadas com os meios de subsistência. Reid et al., (2009) acreditavam que a redução do risco de catástrofes poderia ser o ponto de entrada para a adaptação baseada na comunidade. Eles também enfatizaram o uso de métodos e abordagens participativas na condução da pesquisa e documentação de práticas de adaptação baseadas na comunidade e para promover e ampliar potenciais adaptações baseadas na comunidade.

IIED, BCAS & CEN (2014) reconhecem a adaptação de base comunitária para o conhecimento ambiental, abordando as vulnerabilidades e aumentando a resiliência aos impactos das alterações climáticas em diferentes sociedades e culturas. O Instituto Internacional para o Ambiente e o Desenvolvimento (IIED) e o Centro de Estudos Avançados do Bangladesh (BCAS) têm vindo a organizar todos os anos conferências internacionais sobre adaptações baseadas na comunidade, dando ênfase a diferentes aspectos da mesma em sessões paralelas e plenárias. O IIED, o BCAS e o CEN (2014) sublinham ainda que as comunidades já dispõem de imensos conhecimentos e competências para lidar com os impactos actuais e esperados das alterações climáticas, mas que só lhes faltam os recursos e as políticas favoráveis e de apoio para agir. Assim, a adaptação baseada na comunidade deve centrar-se na sua capacitação para tomar medidas adequadas com base nos seus conhecimentos, competências e processos de tomada de decisão. Continua a ser um desafio expandir as ACB a partir de acções pequenas e localizadas para as comunidades mais vastas, apesar de alguns progressos realizados na partilha do conhecimento das ACB nestes fóruns internacionais e nacionais (Regmi & Star, 2014).

Avaliação da adaptação de base comunitária no Nepal

A temperatura global está a aumentar, prevendo-se que continue a variar entre 1,4 e 5,8oC até 2100, em comparação com 1990 (IPCC, 2003). Em comparação com o cenário mundial, o aumento da temperatura no Nepal é insignificante, com uma taxa de 0,06oC por ano (GoN/MoE, 2066 B.S.). No entanto, as comunidades de base estão a sofrer variações climáticas e fenómenos meteorológicos extremos, como precipitações irregulares, secas prolongadas, deslizamentos de terras e inundações, tanto em termos de magnitude como de frequência, que acabam por ter impacto nos seus meios de subsistência (Regmi et.al., 2010), sobretudo no domínio da agricultura, da silvicultura e da gestão dos recursos naturais. Esta situação é ainda pior para as comunidades que vivem na zona remota e ecologicamente frágil e que dependem diretamente destes sectores para o seu sustento (UNFCCC, 2004). No entanto, estão a lidar e a adaptar-se a estes impactos com base nos seus conhecimentos, competências e experiências tradicionais prevalecentes para minimizar os impactos devastadores das alterações climáticas (Regmi et al., 2009), que são específicos do local e da comunidade.

A integração da ACB no desenvolvimento da adaptação às alterações climáticas é também uma prioridade no Nepal. O Governo do Nepal tem vindo a progredir na ligação das práticas locais de ACB aos planos e políticas a nível nacional e local, como o NAPA e o LAPA (Regmi & Star, 2014). Existem muitas ferramentas, abordagens e metodologias disponíveis para avaliar, documentar e promover estas práticas de adaptação baseadas na comunidade e os planos de adaptação da comunidade. No entanto, recentemente, algumas abordagens de baixo para cima e participativas estão também a ganhar força através da utilização de abordagens participativas e de metodologias qualitativas, recorrendo a exercícios de pontuação e classificação. As investigações participativas e qualitativas têm de ser muito sérias e cruciais para compreender o contexto local e as perspectivas da comunidade.

Os Tharus, uma comunidade indígena das paisagens do Tarai Ocidental do Nepal, são ricos nas suas competências, conhecimentos e práticas tradicionais. Na década de 1950, adaptaram-se com êxito às suas capacidades e conhecimentos mesmo aquando de um grave surto de malária em toda a região. Com base nestas provas históricas, foi realizado um estudo nas paisagens do Tarai Ocidental em 2010 e na região do Tarai Central em 2016 para recolher informações sobre as percepções e as práticas de adaptação baseadas na comunidade desta comunidade às alterações climáticas e também para compreender as suas inovações tradicionais para fazer face aos impactos das alterações climáticas em Gadariya VDC do distrito de Kailali, dominado por Chaudhary Tharu; Shankarpur VDC do distrito de Kanchanpur, dominado por Rana Tharu e Madi município do distrito de Chitwan dominado por Chaudhary Tharu.

Avaliação da adaptação baseada na comunidade no Nepal Central

Madi é um município recém-criado em 2015 pela combinação de quatro comités de desenvolvimento de aldeias na parte sul do distrito de Chitwan, no Nepal. A área faz fronteira com o Parque Nacional de Chitwan em três lados e com a Reserva de Tigres Valmiki da Índia no sul. A área total do município é de 21.789,9 ha, com uma população de 37.683 indivíduos em 8.960 agregados familiares. A agricultura e a silvicultura são as principais fontes de subsistência do município, incluindo a produção de cereais e legumes, a criação de gado e a pesca para consumo doméstico, nutrição e também fonte de rendimento e emprego (DADO Chitwan, 2071/72 V.S.4). Contudo, devido aos impactos das alterações climáticas e aos ataques da vida selvagem, a maioria das comunidades, especialmente as pessoas pobres e marginalizadas que vivem perto dos rios e parques, são obrigadas a viver uma vida miserável. As vulnerabilidades às alterações climáticas estão a aumentar ao longo dos anos para o vale com os impactos no ecossistema e nos meios de subsistência nas paisagens (Wagley, et al., n.d.). Este vale está isolado do distrito continental, uma vez que está rodeado pelo Parque Nacional de Chitwan (CNP) a norte, leste e oeste e pela colina de Someshwor a sul, que liga à Reserva de Tigres de Valmiki, na Índia. O rio Reu separa o vale do CNP. Este vale é importante do ponto de vista da conservação, uma vez que é identificado como o coração das paisagens do arco do Tarai e liga à reserva de tigres de Valmiki, na Índia (WWF, 8 de dezembro de 2015). A construção de pontes nos rios Rapti e Reu e a estrada para Narayangarh, a sede do distrito, melhoraram a conetividade das pessoas com a cidade e o resto.

Metodologia

Existem muitos instrumentos e métodos disponíveis para a avaliação dos riscos, das pressões e das iniciativas de adaptação às alterações climáticas. Entre eles, o método

---

[4] *V.S. é um Vikram Sambat, ano nepalês, que está 57 anos à frente do AD. 2071/72 conota 2015.*

participativo é aplicado neste estudo para avaliar e analisar os riscos climáticos e as adaptações com base nas percepções e experiências das comunidades do município de Madi, no distrito de Chitwan, no Nepal. Na avaliação da vulnerabilidade climática, foram utilizadas ferramentas participativas como a cronologia histórica, a cartografia dos riscos, a classificação dos riscos climáticos, o calendário sazonal e a avaliação da vulnerabilidade, entre outras. Além disso, foram analisadas as percepções dos impactes das alterações climáticas nos recursos de subsistência, uma vez que estes recursos são importantes para os meios de subsistência e o bem-estar locais. Todas estas avaliações foram feitas nos grupos de discussão que foram seleccionados com base nas interacções com os líderes comunitários, os anciãos e os professores das escolas, considerando as pessoas/comunidades diretamente afectadas pelas catástrofes induzidas pelo clima na zona. As pessoas de grupos étnicos minoritários, principalmente Tharus, as mulheres, os Dalits e as castas dominantes, como Brahmins e Chhetris, fazem parte dos grupos de discussão. Foram também realizados debates específicos em grupos de reflexão dirigidos às mulheres Tharu. Os debates dos grupos de reflexão visaram as comunidades diretamente afectadas pelos impactos das alterações climáticas e pelas catástrofes induzidas pelo clima na região.

Os exercícios de classificação foram aplicados, quando apropriado, de 1 a 5 (da pontuação mais baixa para a mais alta). Nos debates dos grupos de discussão, com base nas apreciações, experiências e análises das próprias comunidades. No caso de opiniões e pontuações diferentes, os participantes foram convidados a discutir e a chegar a um consenso entre si nos grupos de discussão. Se necessário, os participantes comparam e contrastam a pontuação com outras pontuações e casos, conforme apropriado. A própria comunidade discutiu e decidiu a pontuação de cada impacto e intervenção.

Perigos e riscos climáticos

Em termos de riscos climáticos e vulnerabilidades, o distrito de Chitwan está na classificação de zona de alta vulnerabilidade com o índice de 0,601 a 0,786 (DDC Chitwan, 2014) (Tabela 2). As comunidades têm conhecimentos e experiências mais amplos sobre o clima local, a história dos principais eventos, as ameaças ocorridas nas zonas e a forma como esses eventos e ameaças afectaram as suas vidas. Com a análise de todo o exercício participativo, revela-se que as cheias, a erosão das margens dos rios e a seca são as ameaças climáticas e vulnerabilidades mais graves que mais afectam a vida e os meios de subsistência das pessoas. Foi relatado pelos agricultores que quase dois terços das terras do município foram varridas pelas cheias e pelos desastres induzidos pelas cheias. A situação era semelhante à do extremo oeste do Nepal. Os agricultores que vivem nas margens dos rios, perto da floresta, são altamente vulneráveis aos riscos e às pressões das alterações climáticas. Alguns dos Tharus que vivem nessas zonas ficaram sem casa e sem terra devido às cheias e à erosão das margens do rio induzida pelas cheias em Ratani tole. Normalmente, passam noites sem dormir durante muitos dias durante a monção, com medo e trauma dos impactos das alterações climáticas. Sempre que há chuva contínua durante alguns dias na monção, costumam rezar a Deus para se salvarem a si próprios, às suas terras e às suas famílias, segundo as agricultoras Tharu. Mesmo nestes dias, durante a monção, têm de estar alerta toda a noite.

Quadro 2: Índice de vulnerabilidade climática do distrito de Chitwan

Sub-índices		Classificação	Gama de índices
Sensibilidade	Humano	Baixa	0.034 - 0.076
	Ecológico	Muito elevado	0.62 - 1.00
	Combinado	Elevado	0.302 - 0.573
Risco/exposição climática	Temperatura & Precipitação	Muito elevado	0.580 - 1.000
	Ecológico	Muito baixo	0.000 - 0.081
	Deslizamento de terras	Muito baixo	0.000 - 0.072
	Inundação	Elevado	0.545 - 0.765
	Seca	Baixa	0.106 - 0.223
	GLOF	Moderado	0.251 - 0.500
	Combinado	Muito elevado	0.682 - 1.000
Capacidade de adaptação	Socioeconómico	Elevado	0.119 - 0.395
	Tecnologia	Muito elevado	0.000 - 0.030
	Infra-estruturas	Muito elevado	0.000 - 0.063
	Combinado	Elevado	0.064 - 0.166
Vulnerabilidade	Temperatura & Precipitação	Muito elevado	0.641 - 1.000
	Ecológico	Baixa	0.079 - 0.192
	Deslizamento de terras	Muito baixo	0.000 - 0.001
	Inundação	Elevado	0.534 - 0.787
	Seca	Baixa	0.181 - 0.331
	GLOF	Baixa	0.001 - 0.597
	Em geral	Elevado	0.601 - 0.786

Fonte: GoN/MoE (2010b)

Especialmente os Tharus, outros grupos étnicos, os Dalits e os agricultores pobres são forçados a viver em áreas marginalizadas e frágeis, como as margens dos rios, perto da floresta, devido à falta de recursos ou à falta de recursos para comprar as terras e construir a casa. Têm-se instalado em pequenas cabanas nas margens do rio Reu e também perto da escola para as suas famílias. Uma das agricultoras Tharu informou que não têm dinheiro para comprar terras na zona de montanha perto da estrada. Assim, não têm outra opção senão viver nas terras públicas perto do rio, uma vez que as suas terras estão atualmente debaixo do rio, pois este mudou de direção há 2-3 anos. Também nas terras altas, as pessoas pobres estão a viver em zonas remotas perto das florestas, que ficam longe do mercado principal do vale.

Além disso, os ataques de animais selvagens do Parque Nacional de Chitwan (CNP) também são considerados um fator não climático muito grave que afecta os meios de subsistência dos agricultores, uma vez que a vida selvagem destrói a produção agrícola e até as sementes e grãos armazenados e as vítimas humanas. Estas pessoas pobres e marginalizadas, os Tharus e outros povos étnicos são também mais afectados pelos ataques da vida selvagem (Maharjan et al., 2017). Alguns agricultores consideram que é ainda pior do que os riscos das alterações climáticas, porque os ataques de animais selvagens ocorrem durante todo o ano, afectando as vítimas humanas, as famílias e os meios de subsistência, enquanto os riscos climáticos são de natureza sazonal. Os agricultores pobres e marginalizados, incluindo os Tharus, os povos étnicos e os Dalits, são comparativamente mais propensos a ataques de animais selvagens do que os grupos tradicionais, porque estão perto da floresta e do parque nacional. Um agricultor de 70 anos de idade pediu a possibilidade de um sistema de alerta precoce da vida selvagem, semelhante às ameaças climáticas. Apenas os agricultores mais próximos do sistema de alerta precoce tinham conhecimento do sistema. Apesar da demarcação e vedação do perímetro do parque para proteção da fauna bravia, não é possível proteger as povoações humanas e os campos agrícolas da fauna bravia.

O quadro 3 abaixo apresenta as percepções dos agricultores sobre os impactos das pressões climáticas e não climáticas nas principais fontes de subsistência, incluindo o capital natural, físico, económico, humano e social. A agricultura é o sector altamente afetado por todos os principais stresses climáticos e não climáticos. As infra-estruturas físicas, as escolas e as estradas/pontes são igualmente afectadas pelas inundações e pela seca. Em termos de capital humano e social, os agricultores, os trabalhadores agrícolas e os grupos de agricultores são os mais vulneráveis aos impactos das alterações climáticas na localidade.

Quadro 3: Perceção dos agricultores sobre os impactos dos principais stresses climáticos e não climáticos nos recursos de subsistência em Madi

Fontes de subsistência	Inundação	Vida selvagem	Seca
Recursos Naturais (NR)			
Floresta	4	1	5
Rios e riachos	5	2	4
Agricultura	5	5	5
Infra-estruturas físicas (PI)			
Escolas	3	3	3
Exército	2	3	1
Estradas/pontes	3	2	1
Capital Económico/Financeiro (CE)			
Poupança dos agricultores e fundo comunitário	2	3	2
Cooperativas de agricultores	1	2	1
Bancos	1	1	1
Capital Humano (HC			
Professores	2	4	2
Veterinários	1	2	2
Mão de obra agrícola	5	5	5
Capital social (CS)			
Inter-relações	3	4	3
Grupos e sociedades indígenas	4	4	3
Grupos de agricultores	5	5	4

Impactos da agricultura e da pecuária

O principal impacto das alterações climáticas na agricultura do vale de Madi é a perda de terras agrícolas. Um dos agricultores informou que dois terços das terras foram arrastados pelas cheias e pela erosão induzida pelas cheias. O rio Reu mudou de direção ao longo dos anos. As mulheres Tharu da zona de Ratani também informaram que as suas terras estão atualmente debaixo do rio. Neste momento, não têm terras para cultivar, pelo que não têm outra opção senão trabalhar em explorações agrícolas alheias ou arrendar as terras para cultivo. Além disso, os agricultores também são afectados pela vida selvagem do Parque Nacional de Chitwan e das zonas florestais comunitárias circundantes, especialmente durante a época da colheita. A vida selvagem chega mesmo a destruir as colheitas/grãos armazenados dentro das casas.

Os agricultores do vale também experimentaram o aumento de terras estéreis abandonadas devido ao aumento da erosão das margens do rio induzida pelas cheias, juntamente com a emigração dos jovens e das pessoas do vale, a perda de variedades de terras proeminentes, o aparecimento de espécies novas mas desconhecidas nos campos, o aumento de pragas e doenças nas culturas e no gado, a observação de novos insectos e pragas também. Outros impactos são mais ou menos semelhantes aos da região do extremo oeste. Curiosamente, algumas das terras abandonadas na agricultura são ocupadas por agricultores sem terra e também por pessoas emigradas das montanhas. Foi relatado pelos agricultores que as pessoas das colinas, especialmente do distrito de Gorkha, migraram para o vale recentemente, após o grande terramoto de 2015. O gado é diretamente afetado pelas inundações e pelos ataques de animais selvagens. Outro grande problema observado no vale é a falta de terras de pastagem para o gado.

Impactos da Floresta e da Biodiversidade

Existem diferentes tipos de florestas na área de Madi, tais como florestas geridas pelo parque nacional, florestas geridas pela comunidade, florestas religiosas, etc. No entanto, os impactos das alterações climáticas são mais observados em quase todos os tipos de florestas, embora as comunidades estejam mais conscientes dos impactos nas florestas geridas pela comunidade. A maior parte das florestas da zona é dominada por florestas de Sal (Shorea robusta) e prados. O DNPWC (2016) informou que 70% da Floresta do Parque é floresta de Sal e 20% são prados. As inundações anuais das monções e as secas prolongadas afectam sobretudo as florestas, os prados e os ecossistemas da zona. Os principais impactos observados nas florestas e na biodiversidade são a fragmentação florestal e a degradação pelas comunidades. Do mesmo modo, a vida selvagem também está ameaçada devido à alteração do habitat e a outras alterações ecológicas decorrentes dos impactos das alterações climáticas. Alguns dos animais selvagens são também fisicamente afectados devido a inundações e secas. Estes impactos na vida selvagem afectam indiretamente as comunidades devido às funções e serviços do ecossistema. Por exemplo, a perda de habitats da fauna bravia vem frequentemente destruir povoações humanas e produtos e campos agrícolas. As inundações também destroem as terras florestais próximas dos rios e põem à beira da extinção algumas das espécies florestais mais importantes. Thapa et al., (2015) também descobriram e projectaram a fragmentação da floresta de Sal nas terras baixas do Nepal, incluindo o distrito de Chitwan, até 2020.

Previram ainda que estas manchas serão completamente convertidas até 2050.

Para além dos impactos directos relacionados com o clima, as comunidades estão também a sofrer impactos não climáticos e relacionados com as políticas, tais como ataques de animais selvagens que causam vítimas humanas, impactos sobre o gado, as culturas e a agricultura, conflitos entre os habitantes do parque, incluindo a pressão das forças armadas e das autoridades do parque, detenções e torturas, e processos de indemnização morosos, etc. A floresta e a biodiversidade são importantes para os meios de subsistência das comunidades. Mas o parque, a floresta e as florestas comunitárias não lhes permitem recolher regularmente recursos como alimentos, fibras, medicamentos, fogos de artifício, etc., dessas florestas. Assim, alguns dos agricultores recolhem ilegalmente, são castigados, etc., o que leva a um conflito mais grave entre o parque e as pessoas.

Impactos dos recursos hídricosA zona de Madi é rica em recursos hídricos, com vários rios e ribeiros que se estendem de sul para norte e se fundem no rio Reu, na fronteira do parque nacional. No entanto, algumas das zonas de montanha enfrentam escassez de água, mesmo para fins de consumo e irrigação. Os agricultores da ala número 5 enfrentam o problema da falta de água potável, mesmo do poço tubular, durante as estações do verão e do inverno. A secagem de pequenos vapores, nascentes e poços é comum noutras estações, ao passo que os deslizamentos de terras e a erosão das margens dos rios ocorrem durante a monção. A produção agrícola também é afetada devido à falta de irrigação nestas zonas. Os agricultores das terras altas enfrentam o problema da seca grave, ao passo que os agricultores das terras baixas e das zonas próximas dos rios enfrentam o problema das inundações e da erosão das margens dos rios.

Impactos nas infra-estruturas físicas e vítimas humanas

Os principais impactos das alterações climáticas na infraestrutura física são observados nas casas, escolas, pontes e bueiros, templos. As casas e as escolas situadas nas proximidades de rios e ribeiros são particularmente vulneráveis. A maioria das casas é construída com os materiais disponíveis localmente, especialmente os dos Tharus e de outras etnias e dos Dalits pobres, que são facilmente danificados e destruídos pelas cheias e pelas catástrofes induzidas pelas cheias. A maior parte dos rios e riachos da região não tem pontes, pelo que as comunidades têm de atravessar os rios/riachos correndo riscos e, por vezes, recorrendo ao gado para atravessar o rio, o que provoca riscos físicos e baixas humanas frequentes. Durante o período das monções, quando chove muito e sem parar durante alguns dias, o edifício e as instalações da escola são utilizados como alojamento temporário na maioria dos casos.

temporários na maioria dos casos. No dia seguinte à chuva forte, as crianças dos grupos étnicos vão apanhar os peixes e outra fauna aquática para a sua alimentação e venda no mercado.

Figura 1: Crianças recolhendo os peixes no dia seguinte à chuva forte

PC: Shree Kumar Maharjan

Iniciativas de adaptação em Madi

Os agricultores praticaram diferentes tipos de intervenções de adaptação e de enfrentamento com base nos seus conhecimentos, competências e práticas e com o apoio de organizações governamentais e não governamentais, tais como a plantação de árvores, a construção de barragens de controlo, a instalação de sistemas de alerta precoce e de centros de evacuação. No entanto, nem todas estas intervenções de adaptação e de controlo são igualmente bem sucedidas na zona, tal como relatado pelos agricultores.

Adaptação no domínio da agricultura e da pecuária

Os agricultores que têm terras perto da margem do rio mudaram as culturas, como o milho e as leguminosas, ou deixaram-nas estéreis devido à erosão da margem do rio. Alguns deles relataram que todos os investimentos para a preparação da terra, plantação de arroz são todos varridos pelas cheias e pela erosão induzida pelas cheias. Assim, preferiram pedir emprestado ou arrendar terras a montante ou fazer trabalhos braçais em vez de cultivar no mesmo pedaço de terra. A situação nas áreas de planalto também enfrenta o problema da falta de água para o cultivo de arroz. O grupo de agricultores da ala número 5 cultivou culturas frutíferas nas suas terras de mais de 15 agricultores com as mudas apoiadas pelo projeto TAL/WWF. Eles também construíram um tanque de água para a irrigação do pomar de frutas. No entanto, não foi bem sucedido, de acordo com as informações dos agricultores. Além disso, a rotação de culturas, a agricultura mista, a agricultura no leito do rio, a gestão do biogás, a gestão dos resíduos das culturas e a agrossilvicultura são também comuns na zona para fazer face aos impactos e melhorar os meios de subsistência.A migração sazonal ou permanente é também considerada como uma adaptação comum no vale. Muitos agricultores, sobretudo jovens, emigraram para Bharatpur, Katmandu e mesmo para o estrangeiro, principalmente para o Médio Oriente, em busca de melhores empregos, o que se deveu em parte à perda de terras agrícolas e à diminuição da produção agrícola dos campos. Os agricultores referiram que, em comparação com o passado, as terras destinadas a actividades agrícolas e a própria produtividade são reduzidas. A diminuição das terras agrícolas deve-se principalmente à erosão das margens dos rios induzida pelo clima nas zonas próximas dos rios e à construção de novas casas nas bermas das estradas.

Figura 2: Caixas tradicionais de armazenagem de sementes/grãos

PC: Shree Kumar Maharjan

Alguns dos agricultores iniciaram a avicultura e a piscicultura e/ou a combinação de ambas em vez da cultura do arroz. A piscicultura é praticada principalmente nas áreas de planície, enquanto a avicultura é praticada principalmente nas margens das estradas. A combinação da avicultura e da piscicultura também foi considerada inovadora para utilizar os resíduos da avicultura como alimento para a piscicultura. O Gabinete Distrital de Desenvolvimento Agrícola (DADO) identificou a área como uma zona de bolso para a piscicultura (DADO Chitwan, 2071/72 V.S.). O agricultor informou que os consumidores locais e os empresários de Kathmandu e Pokhara recolhem os peixes nos seus quintais, pelo que não há problemas de comercialização. Muitos agricultores são atraídos para a piscicultura comercial na área.

Adaptação relativa às florestas e à biodiversidade

As principais intervenções de adaptação no sector florestal são a construção de barragens de controlo, plantações e florestação pelas comunidades com o apoio da zona tampão e do parque nacional. Mas foi relatado que nem todas as plantações e barragens de controlo construídas foram bem sucedidas na área. Os agricultores sugeriram melhorar este tipo de intervenções no futuro, quer através de uma avaliação pormenorizada do caudal dos rios e da proteção adequada das plantas nas fases iniciais, quer através da combinação de barragens de controlo e plantações. Além disso, os grupos de agricultores e os grupos comunitários de utilizadores da floresta/comité de gestão da zona tampão são regularmente reforçados e realizam o acompanhamento para uma gestão eficaz da floresta. Além disso, o parque e as organizações da sociedade civil, como a TAL/WWF, apoiam regularmente as comunidades, fornecendo formação e mudas para as plantações.

As comunidades comunicaram que os grupos comunitários de utilizadores das florestas e a gestão das zonas-tampão têm gerido eficazmente as florestas da zona para fazer face aos impactos das alterações climáticas com base em questões específicas do local. O Plano Distrital para a Energia e o Clima (DCEP) do distrito de Chitwan também sublinhou a necessidade de planos eficazes e específicos para o distrito, a fim de abordar as questões relacionadas com o clima e a energia. O plano também sublinhou a entrega das terras florestais degradadas à comunidade para o desenvolvimento de florestas comunitárias e a plantação de espécies de árvores adequadas à ecologia local para benefício das comunidades e dos seus meios de subsistência. Além disso, a extração de areias e cascalhos das margens dos rios deve ser rigorosamente controlada e deve ser promovida uma extração sustentável (DDC Chitwan, 2014).

Adaptação relativa aos recursos hídricos

Os próprios agricultores e com o apoio de agências de desenvolvimento tentaram, de alguma forma, gerir a escassez e o transbordamento dos recursos hídricos, especialmente na monção, através de diferentes intervenções de adaptação e de sobrevivência na área. Uma das principais intervenções de adaptação para lidar com a escassez de água é a construção de tanques de conservação de água e a renovação dos canais de irrigação (tradicionais e cimentados) em diferentes partes do vale. O excesso de água dos poços tubulares e das torneiras públicas é armazenado no tanque, que depois é utilizado para fins de irrigação, uma prática comum na zona. Além disso, a máquina de perfuração profunda também é instalada e utilizada para fins de irrigação, mas nem todos os agricultores podem comprar essa máquina nos seus campos de plantação de arroz. Verificou-se também que alguns agricultores começaram a cultivar legumes nos seus quintais, que antes não eram cultivados.

Figura 3: Barragem de controlo construída no rio Reu

PC: Shree Kumar Maharjan

A NEWAH, uma ONG nacional, apoiou os agricultores na construção de um tanque de água e de um poço tubular avançado e profundo nas zonas de montanha para resolver a questão da água potável, que também apoia parcialmente a irrigação. Da mesma forma, a TAL/WWF também apoiou os agricultores na construção de tanques de conservação de água e na renovação dos canais de irrigação. Alguns dos agricultores também começaram a cultivar nas áreas do leito do rio, uma vez que as suas terras foram varridas pela erosão das margens do rio, onde cultivaram milho, forragem e plantas forrageiras, algumas cucurbitáceas que podem tolerar as condições de stress hídrico. Nas zonas de planície, a piscicultura tornou-se popular entre os agricultores, em vez do cultivo de arroz, para melhorar o seu nível de vida, uma vez que tem um enorme mercado local e distante. Há uma combinação de práticas de adaptação baseadas na comunidade e algumas intervenções introduzidas que estão a ser praticadas pelos agricultores nas zonas.

Adaptação relativa às infra-estruturas físicas

Tendo em conta a fraqueza e a fragilidade das infra-estruturas, foram criadas torres de evacuação e centros de alerta precoce, especialmente nas zonas propensas a inundações. Mas uma torre de evacuação não é suficiente para toda a comunidade. O agricultor de 50-55 anos informou que, durante as cheias, a primeira prioridade é dada às crianças, aos idosos e às mulheres na torre de evacuação, e só depois aos homens. Além disso, foi relatado que os agricultores que têm casas de dois andares geralmente ficam no segundo andar para escapar da inundação. Também deslocam o seu pequeno gado e os seus cereais/sementes para o segundo andar. Alguns agricultores também elevaram o nível do plinto utilizando postes de madeira e blocos cimentados. A elevação dos alicerces com o uso de postes de madeira não é bem sucedida na área porque o solo é arenoso na área, especialmente perto do leito do rio. Assim, a inundação e a água estagnada fazem buracos profundos no solo onde os postes estão localizados, enquanto que os blocos cimentados são comparativamente bem sucedidos, mas é necessário um grande investimento para eles.

Figura 4: Torre de evacuação na aldeia de Ratani construída com o apoio da TAL/WWF

PC: Shree Kumar Maharjan

Para além disso, os edifícios comunitários, as escolas, os templos e outros edifícios e locais públicos são utilizados para assentamentos temporários em situações adversas. Devido às remessas de dinheiro e ao aumento das fontes de rendimento, alguns agricultores podem construir casas de cimento nos seus campos agrícolas. No entanto, a situação da maioria dos grupos étnicos, dos pobres e dos Dalits não melhorou a esse nível. Nesse sentido, a migração aumentou de alguma forma as capacidades de adaptação de alguns dos agricultores da zona. Foi também referido nos grupos de discussão que alguns dos agricultores que migraram para o vale, principalmente das colinas, utilizaram as terras abandonadas, o que constitui também um aspeto positivo da migração.

De acordo com a informação dada pela agricultora, a situação era muito difícil antes da construção da ponte no rio Reu e da estrada que liga à sede do distrito. Tinham de usar bois e gado para atravessar o rio, mesmo durante a monção. Muitos rios e riachos ainda não têm pontes, por isso, sempre que há uma grande precipitação durante alguns dias, algumas aldeias não são acessíveis a partir das ligações rodoviárias devido ao aumento do fluxo de água, nível e corrente nos rios e riachos. Assim, as comunidades acreditam que a ligação rodoviária é muito crucial para o desenvolvimento e também para a adaptação às alterações climáticas. A ligação rodoviária à zona de Thori, na fronteira sul, também melhorou a acessibilidade ao mercado para a população local. Por exemplo, durante o bloqueio indiano de 3-4 meses, a maior parte do petróleo, do sal e de outros produtos de primeira necessidade foram fornecidos por essa zona através de Madi.

Avaliação da adaptação baseada na comunidade no extremo ocidental do Nepal

Os dois locais de estudo no extremo ocidental do Nepal são Gadaria e Shankarpur VDCs, situados nos distritos de Kailali e Kanchanpur, respetivamente, que são dominados pelos Tharus. A precipitação média anual é de 1771,5 mm, com uma temperatura máxima de 43oC no verão e uma temperatura mínima de 3oC no inverno no distrito de Kanchapur (DADO Kanchanpur, 2061/61 V.S.), enquanto no distrito de Kailali a precipitação média anual é de 1840 mm, com uma temperatura máxima de 43oC no verão quente e uma temperatura mínima de 5 oC no inverno (DADO Kailali, 2064 B.S.). O rio Dodha, que nasce na cordilheira de Chure, atravessa Shankarpur VDC e o ribeiro Ghuraha passa por Gadariya VDC. A agricultura alimentada pela chuva e a criação de animais são as principais fontes de rendimento da maioria das pessoas em ambos os sítios.

A Tabela 5 apresenta o índice de vulnerabilidade climática dos distritos de Kailali e Kanchanpur com base no exercício de mapeamento da vulnerabilidade nacional efectuado pelo Ministério do Ambiente em 2010 como parte do exercício NAPA. Este quadro apresenta apenas a sensibilidade, o risco, a vulnerabilidade e a capacidade de adaptação a nível distrital, que podem ser totalmente diferentes das localizações específicas, por exemplo, dos comités de desenvolvimento das aldeias (CDV) ou das comunidades do distrito, com base na sensibilidade, exposição e capacidade de adaptação das comunidades. Especialmente as comunidades que vivem perto dos rios, ribeiros e florestas, com fontes de rendimento limitadas, falta de acessibilidade, analfabetas, etc., são mais propensas aos impactos das alterações climáticas. Nesse sentido, os riscos, as vulnerabilidades e as capacidades de adaptação num local específico variam consoante a localidade. Por conseguinte, é crucial efetuar uma avaliação e uma análise específicas da sensibilidade, da exposição e das capacidades de adaptação, a fim de compreender as vulnerabilidades e as capacidades de adaptação das comunidades.

Quadro 5: Índice de vulnerabilidade climática do distrito de Kailali e Kanchanpur

Sub-índices		Kailali		Kanchanpur	
		Classificação	Intervalo do índice	Classificação	Intervalo do índice
Sensibilidade	Humano	Baixa	0.034 - 0.076	Moderado	0.07 -0.133
	Ecológico	Moderado	0.17 - 0.37	Elevado	0.38 - 0.61
	Combinado	Baixa	0.147 - 0.209	Moderado	0.210 - 0.301
Clima Risco/Exposição	Temperatura & Precipitação	Muito baixo	0.110 - 0.269	Moderado	0.270 - 0.441
	Ecológico	Baixa	0.082 - 0.137	Muito baixo	0.000 - 0.081
	Deslizamento de terras	Muito baixo	0.000 - 0.072	Muito baixo	0.000 - 0.072
	Inundação	Baixa	0.024 - 0.351	Muito baixo	0.000 - 0.023
	Seca	Moderado	0.24 - 0.347	Elevado	0.348 - 0.0562
	GLOF	Muito baixo	0.000 - 0.001	Muito baixo	0.000 - 0.001
	Combinado	Baixa	0.165 - 0.320	Baixa	0.165 - 0.320
Adaptativo Capacidade	Socio económico	Moderado	0.396 - 0.556	Elevado	0.119 - 0.395
	Tecnologia	Muito elevado	0.000 - 0.030	Muito elevado	0.000 - 0.030
	Infra-estruturas	Muito elevado	0.000 - 0.063	Muito elevado	0.000 - 0.063
	Combinado	Moderado	0.167 - 0.336	Moderado	0.167 - 0.336
Vulnerabilidade	Temperatura & Precipitação	Muito baixo	0.219 - 0.344	Moderado	0.345 - 0.451
	Ecológico	Baixa	0.079 - 0.192	Baixa	0.079 - 0.192
	Deslizamento de terras	Muito baixo	0.000 - 0.001	Muito baixo	0.000 - 0.001
	Inundação	Moderado	0.337 - 0.533	Moderado	0.337 - 0.533
	Seca	Baixa	0.181 - 0.331	Moderado	0.332 - 0.514
	GLOF	Muito baixo	0.000 - 0.001	Muito baixo	0.000 - 0.001
	Em geral	Baixa	0.181 - 0.355	Baixa	0.181 - 0.355

Fonte: GoN/MoE (2010b)

Metodologia

Este estudo utilizou ferramentas e métodos participativos em discussões de grupos de discussão (FGDs) para gerar informação qualitativa e quantitativa sobre alterações climáticas e estratégias de adaptação baseadas na comunidade. As discussões de grupo focal foram realizadas em 2009 com agricultores, membros do comité de conservação e desenvolvimento da biodiversidade (BCDC) e grupos de utilizadores florestais comunitários (CFUG) para identificar questões-chave, impactos das alterações climáticas e mecanismos de adaptação baseados na comunidade. Antes de iniciar as discussões dos grupos de centragem, foi dada uma orientação à comunidade em cada local sobre os objectivos, o processo e os métodos de avaliação. Os agricultores partilharam as suas próprias experiências sobre as alterações climáticas de uma forma confortável. A fim de evitar o domínio de certas pessoas, o facilitador desempenhou um papel fundamental para dar oportunidade a todos os participantes de expressarem as suas opiniões e percepções. Sempre que havia percepções ou opiniões contraditórias, tentava-se gerar o consenso e os pólos maioritários.

Foram aplicadas ferramentas participativas, como a matriz de classificação para analisar o impacto dos riscos/desastres em relação aos activos de subsistência; foi aplicado um calendário para identificar os principais eventos e a frequência de ocorrência para recolher informações e foram documentadas as inovações locais com base nos conhecimentos, tecnologias e práticas locais relacionados com as estratégias de enfrentamento e adaptação. Além disso, foram recolhidos dados quantitativos relativos às perdas de colheitas e aos impactos das alterações climáticas em diferentes sectores através de entrevistas com informadores-chave. Durante o processo, foram tidos em conta o género, a idade, a posição social e o rendimento dos inquiridos. As informações recolhidas foram analisadas e tentou-se validá-las com revisões e justificações científicas. Riscos e perigos climáticos Os riscos climáticos passados e actuais, as tensões e a frequência de ocorrência foram analisados utilizando a cronologia de desastres ao longo dos 30 anos. Estas percepções subjectivas dos agricultores revelaram como as comunidades foram afectadas pelos riscos e stresses climáticos ao longo dos anos. Quase 90% dos inquiridos perceberam que os riscos e perigos climáticos estavam a aumentar em termos de magnitude; frequência e gravidade em comparação com eventos passados, o que indicou que os riscos e incertezas das alterações climáticas aumentaram nos últimos anos em comparação com 25-30 anos atrás, mesmo a ocorrência de seca e inundações (2-3 vezes) numa única estação em 2009. Estes riscos e tensões afectaram quase todos os aspectos dos meios de subsistência, desde a agricultura à pecuária, à silvicultura, aos recursos hídricos, às infra-estruturas físicas, etc.

Com base na cronologia, as inundações, a seca, a erosão das margens dos rios, o granizo, a tempestade de vento e o granizo foram considerados os riscos e stresses climáticos mais proeminentes nos locais. Entre eles, as inundações, a seca e a erosão das margens dos rios foram frequentes em ambos os sítios, mas com intensidade diferente. Em Gadariya VDC, a seca é mais proeminente, enquanto no caso de Shankarpur VDC, a inundação é mais grave do que a seca (Quadro 6). Os agricultores observaram uma longa seca na altura da monção, que afectou o transplante tardio de arroz em 2008, e também 2-3 vezes inundações em setembro e outubro devido a chuvas fortes anormais, que causaram enormes perdas na agricultura, pecuária, florestas, recursos hídricos, infra-estruturas e até vítimas humanas. A agricultura é o sector mais vitimado pelos impactos das alterações climáticas em ambos os locais, uma vez que mais de 95% das pessoas se dedicam e dependem dela para a sua subsistência, seguindo-se a pecuária, a silvicultura, as infra-estruturas, as vítimas humanas e as fontes de água.

Quadro 6: Riscos e perigos climáticos e seus impactos em diferentes sectores de vulnerabilidade

Climático Ameaças	Sectores de vulnerabilidade						Total	Classificação
	Agricultura	Livestoc k	Floresta	Acidentes humanos	Infra-estruturas	Fontes de água		
Gadariya VDC, distrito de Kailali								
Inundação	4	2	3	1	2	4	16	3ª
Margem do rio erosão	4	1	3	-	2	-	10	5ª
Seca	4	4	4	4	3	3	22	1º
Geada	4	3	1	3	1	2	14	4.o
Tempestade	4	2	4	2	4	2	18	2∏d
Terramotos	1	1	1	-	3	-	6	6ª
Epidemias	2	4	1	4	-	3	14	4.o
Total	23	17	17	14	15	14		
Classificação	1º	2∏d	2∏∏d	4.o	3ª	4.o		
CDV de Shankarpur, distrito de Kandchanpur								
Inundação	4	4	2	1	1	1	13	1º
Margem do rio erosão	4	1	4	1	1	1	12	2∏d
Tempestade de granizo	4	1	1	-	1	-	7	5ª
Seca	3	1	1	1	-	1	7	5ª
Vento/Tempestade	1	1	4	2	2	-	10	4.o
Epidemias	1	3	1	4	-	1	10	4.o
Nevoeiro intenso	4	4	1	2	-	-	11	3ª
Total	21	15	12	11	5	4		
Classificação	1º	2.o	3ª	4.o	5ª	6ª		

*1 - baixo/nenhum impacto, 2 - impacto médio, 3 - impacto elevado, 4 - impacto grave

Impacto na agricultura

A agricultura é a fonte de subsistência para o sustento e a economia. É o sector mais vulnerável às alterações climáticas (Thapa, 2010). As comunidades que vivem no Tarai ocidental também estão a enfrentar os mesmos problemas devido às alterações dos padrões climáticos. Os agricultores observaram os impactos dessas pressões climáticas nos seus agregados familiares, nas suas explorações agrícolas e nos seus arredores. Aperceberam-se de que o aumento da incerteza do tempo e do clima, bem como a ocorrência irregular de precipitação e a seca prolongada, tinham afetado a plantação e a colheita intempestivas das culturas sazonais, o que, em última análise, levou à diminuição da produção agrícola e da produtividade por unidade de terra. As inundações e as erosões das margens dos rios na altura da colheita das culturas arrastaram os produtos agrícolas consumíveis, causando enormes perdas agrícolas no campo e, por vezes, também no armazenamento.

Além disso, os agricultores das paisagens do Tarai Ocidental sentiram os impactos das alterações climáticas na alteração dos padrões de cultivo, na diminuição da fertilidade do solo, na perda de algumas variedades autóctones, na introdução de novas variedades de culturas, na observação de novas doenças e pragas, na diminuição da produtividade e na alteração das práticas de gestão como impactos na agricultura devido às alterações climáticas. Devido à alteração dos padrões de cultivo, alguns agricultores referiram mesmo a alteração dos hábitos alimentares como consequência. As inundações e as catástrofes induzidas levaram a uma enorme perda de terras aráveis até 20-30 bighas, especialmente as terras próximas dos rios e ribeiros (1 Bigha de terra equivale a 0,65 ha). Os agricultores das zonas já perderam as variedades de arroz como Gaguwa, Raimanuwa, Jhinawa, Sauthyari, Satha Dulhaniya, Suhawat e algumas variedades de manga. No seu estudo, Sigdel (2010) também referiu a perda de terras e de variedades de terra devido às alterações climáticas nas paisagens do Tarai Ocidental. O declínio da produtividade agrícola é observado sobretudo no arroz, no trigo e no milho, devido a alterações nos padrões de precipitação. Surpreendentemente, foi referido que a produção de lentilhas aumentou na estação após a ocorrência de inundações (até 60-70 quintal/bigha) em Shankarpur, Kanchanpur.

De acordo com as percepções dos agricultores sobre a gravidade dos impactos das alterações climáticas no sector agrícola, Gadariya VDC foi mais gravemente afetado do que Shankarpur VDC em termos de doenças e surtos de pragas, declínio da produtividade e gestão agrícola, enquanto que em Shankarpur se verificam ligeiramente mais alterações no padrão de cultivo.

Os agricultores dos CDV de Gadariya e de Shankarpur percepcionaram os mesmos níveis de impacto na diminuição da fertilidade do solo, na perda de variedades autóctones e no aparecimento de novas variedades. Todas estas percepções estão de alguma forma interligadas. Por exemplo, a diminuição da fertilidade do solo tem alguns efeitos na diminuição da produtividade. A este respeito, é crucial efetuar estudos semelhantes nas zonas com uma análise mais aprofundada.

Impacto na pecuária

A pecuária é outra importante fonte de subsistência para os agricultores da região. Este sector tem observado impactos directos e indirectos na região devido às alterações climáticas. Os impactos directos são lesões físicas, mortes e diminuição do número de animais (cabras, porcos, gado e patos), principalmente devido a inundações e catástrofes induzidas por inundações. Além disso, alguns dos agricultores também relataram o aparecimento e o surto de novas doenças e pragas, que os agricultores acreditam dever-se a variações climáticas e a outros factores, como doenças infecciosas e pragas. Estes são alguns dos impactos directos, enquanto os impactos indirectos relatados foram a diminuição das terras de pastagem, a perda de forragens e forragens para o gado devido à alteração dos sistemas de gestão florestal e também induzida pelas alterações climáticas. Ao analisar a gravidade dos impactos das alterações climáticas com base nas percepções dos agricultores nos locais estudados, a perda de gado, a perda de terras de pastagem e os novos surtos de doenças são graves em ambos os locais, ao passo que os ferimentos nos animais e a introdução de novas raças são os impactos mínimos e mínimos na pecuária.

Impacto na floresta e na biodiversidade

A floresta e a biodiversidade com a floresta continuam a ser o sector mais importante para os Tharus, uma vez que têm dependido dela para várias opções de subsistência, desde o nascimento de uma criança até ao seu funeral, ao longo de várias gerações. Dependem dela até para obter alimentos e medicamentos silvestres, forragens e forragens, materiais de habitação, etc. A situação da floresta encontra-se em estado crítico devido aos riscos induzidos pelo clima e à erosão das margens dos rios. Os impactos directos da erosão das margens dos rios destruíram as terras florestais. Além disso, algumas das espécies nativas, como o sal (Shorea robusta), o sissoo (Dalbergia sissoo), o Khayer (Acacia catechu), o Simal (Bombax ceiba), o Bijaysal (Pterocarpus marsupium), o Siris (Albezia lebbek), o Asna (Terminalia elliptica), o Amala (Emblica officinale) e as madeiras e espécies de lenha, estão a desaparecer das florestas das zonas.

Do mesmo modo, os grupos de utilizadores da floresta (FuGs) também comunicaram a introdução de algumas espécies invasoras como Besaram (Ipomoea sp), Kaligedi (Lantana camara) que substituíram as espécies nativas em terrenos agrícolas, zonas de bacias hidrográficas e também na floresta, o que tem um impacto na biodiversidade a longo prazo. Além disso, espécies florestais como o eucalipto, a Melia azedirch e a teca (Tectona grandis) foram introduzidas na floresta em torno de Gadariya VDC. As actividades humanas induzidas pelas alterações climáticas, tais como a captura de terrenos florestais para evitar inundações e outras pressões das alterações climáticas, tiveram impacto na migração da vida selvagem.

De acordo com as percepções dos agricultores, a perda de espécies nativas e a perda de espécies de madeira e lenha são graves tanto em Gadariya como em Shankarpur VDC. A introdução de novas espécies e a migração da vida selvagem foram comparativamente menores em Shankarpur VDC do que em Gadariya VDC. Os grupos de utilizadores da floresta (FuGs) e os Comités de Conservação e Desenvolvimento da Biodiversidade (BDCDs) estão activos em ambos os locais, formados no âmbito do Projeto do Complexo das Paisagens do Tarai Ocidental (WTLCP). Os agricultores e os membros dos FuGs receberam do projeto algumas sementes e mudas para apoiar os seus meios de subsistência e o seu bem-estar. Algumas das espécies eram novas nas zonas. O RIMS Nepal (2009) referiu igualmente a secagem dos ecossistemas das zonas húmidas na floresta da região do Tarai, que teve impacto na floresta e na biodiversidade.

Impacto nas infra-estruturas físicas

A maioria das casas nas áreas são construídas com os recursos disponíveis localmente, tais como casas de madeira rebocadas com terra. As estradas também são de cascalho, não totalmente betonadas, mas com pequenas pontes e bueiros cimentados ou de madeira. O nível da água aumenta drasticamente durante a monção, pelo que é difícil atravessá-lo, a menos que o nível da água desça. Os riscos e perigos climáticos, especialmente as inundações, a erosão das margens dos rios e os vendavais, tiveram graves impactos em infra-estruturas como casas e edifícios, pontes, estradas, trilhos pedestres, entre outros. A CDV de Shankarpur é propensa a inundações, com graves impactos na ponte de madeira e na ponte suspensa do rio Doda, o que obstruiu diretamente a circulação dos agricultores, especialmente para fins agrícolas. No caso de Gadariya VDC, a tempestade de vento danificou casas individuais, escolas e edifícios comunitários.

No entanto, são muito poucas as vítimas humanas registadas devido aos impactos das alterações climáticas, especialmente devido a inundações e catástrofes induzidas por inundações na região. No entanto, alguns membros da comunidade Tharu em Shankarpur

VDC indicaram que os riscos e perigos climáticos também tiveram impacto nas vítimas humanas e nos ferimentos em alguns casos. A maior parte das inundações, seguidas de chuvas fortes e intensas e de tempestades de vento intensas, têm um grande impacto nas vítimas humanas. A maioria dos homens está envolvida no salvamento de crianças e idosos, enquanto as mulheres se dedicam a proteger os alimentos e outros bens. Um dos agricultores de Shankarpur VDC informou que tinham de ficar alerta toda a noite na altura das monções, pois não dispunham de qualquer sistema de alerta precoce na sua aldeia. Os agricultores consideraram que a destruição de casas e edifícios é mais grave devido às inundações do que a outras pressões climáticas, pelo que a CDV de Shankarpur é mais afetada do que a CDV de Gadaria, uma vez que esta última está situada numa zona de montanha.

Impacto nas fontes de água

Em termos de fontes de água, Gadaria VDC é mais propensa do que Shankarpur VDC, especialmente para fins de consumo e também para fins de irrigação. De acordo com as percepções dos agricultores, as pressões climáticas têm vindo a aumentar ao longo dos anos, o que tem tido um impacto na secagem das fontes de água. Os impactos são principalmente a contaminação da água, a secagem das fontes de água e a falta de água para beber e para irrigação. Alguns dos agricultores também relataram os graves impactos do aumento da contaminação da água em ambos os VDCS. A secagem das fontes de água teve graves consequências para os meios de subsistência dos agricultores em ambos os CDV. Em Gadaria VDC, observou-se que o lago Koilahi secou na estação do inverno, que costumava fornecer água para irrigação, pelo que a falta de água para irrigação é um problema grave em Gadariya, que também tem impacto na agricultura, na sua produção e, em última análise, nos meios de subsistência.

Iniciativas de adaptação adoptadas pelas comunidades agrícolas

Ambos os sítios são dominados pela comunidade Tharu que se dedica ao sector agrícola há gerações. São os guardiães, com as suas competências tradicionais, conhecimentos locais e experiências ao longo da vida, que utilizam e gerem eficazmente os recursos disponíveis. Estão também a sentir os impactos das alterações climáticas ao nível da base e estão mais ansiosos por lidar e adaptar-se a essas alterações e impactos com base nos seus próprios conhecimentos e competências, recursos e informações atribuídas ao seu próprio nível. Historicamente, são conhecidos como os sobreviventes, mesmo na altura da terrível epidemia de malária na região do Tarai, e também pelos seus ricos conhecimentos e experiências tradicionais em matéria de adaptação às alterações climáticas. Iniciaram muitas intervenções de adaptação às alterações climáticas e são bem sucedidos na aplicação das adaptações climáticas com base nos seus próprios conhecimentos, competências e experiências, que podem ser observados em diferentes sectores de subsistência, como a agricultura, a pecuária, a floresta e a biodiversidade, a saúde, a água e as infra-estruturas físicas.

Agricultura e pecuária

Ambos os locais de estudo no Extremo-Oeste do Nepal são dominados pela comunidade Tharu. Gadariya VDC tem mais de 95% de população de Chaudhary Tharus. Têm vindo a cultivar desde os seus antepassados. No entanto, começaram a mudar as suas práticas agrícolas para se adaptarem às condições climáticas e a outros factores externos. Começaram a cultivar milho, cana-de-açúcar, Til (sésamo), forragens nos campos de arroz em vez de arroz devido à incerteza da precipitação na altura da monção. Mudaram porque estas culturas requerem menos água do que a transplantação de arroz. Começaram a cultivar as culturas forrageiras devido à perda de terras de pastagem por causa das inundações, o que levou à paralisação da alimentação do gado. Como as cheias induziram a diminuição da fertilidade do solo, os agricultores utilizaram folhas secas de Sal (Shorea robusta), Asna (Terminalia elliptica) como composto, depois de recolhidas da floresta e utilizadas como cama de quinta. Alguns agricultores semearam diretamente sementes de arroz Ghaiya em vez de plantar arroz devido à falta de água na altura da plantação. O cultivo de melancia e de outras cucurbitáceas nos campos e também na bacia hidrográfica tornou-se popular entre os agricultores para escapar ao stress hídrico nos campos, o que é conhecido como agricultura de leito de rio ou de margem de rio.

Shankarpur VDC tem mais de 90% de agricultores que pertencem originalmente a Rana Tharu, ligeiramente diferentes nas suas culturas de Chaudhary Tharu. No entanto, também cultivaram milho em vez de arroz em alguns campos de agricultores, enquanto outros se adaptaram às alterações climáticas cultivando arroz de maturação precoce como Chaite - 4, Chaini, Hardinath, Radha - 4, Anjana, Nimoi para escapar às cheias. Além disso, os agricultores preferiram cultivares resistentes às inundações - Tilki e Shyamjira - nos seus campos, uma vez que se aperceberam de que estas variedades sobreviveram às inundações ocorridas em outubro de 2008, o que deu algum alívio aos agricultores que sofreram com as inundações maciças (SAGUN-CARE Nepal 2009). Estas sementes foram distribuídas na troca participativa de sementes nas reuniões comunitárias regulares e também conservadas nos bancos de sementes comunitários. Os bancos de sementes comunitários e os sistemas de produção de sementes baseados na comunidade têm sido práticas comuns entre os agricultores para conservar as sementes e também para gerar rendimentos. Estas práticas ainda estão em curso para a promoção de cultivares proeminentes também para alcançar os agricultores pobres e marginalizados para lidar com a insegurança alimentar, a pobreza e a situação de stress climático na agricultura rural (Khanal & Maharjan, 2015). Thati ghar e armazenamento de sementes em área elevada usando flocos de madeira tornou-se uma prática na localidade para salvar sementes / grãos no momento da inundação. As espigas de milho são armazenadas e secas em Gharanga. Por outro lado, a cultura de legumes (couve-flor e batata) e a cana-de-açúcar tornaram-se populares, substituindo o arroz, devido à ocorrência inoportuna de chuvas na localidade, o que acabou por ter impacto também nos hábitos alimentares. Em algumas partes da área da bacia hidrográfica, as culturas tolerantes ao stress hídrico, como o amendoim, o tomate, a cabaça, o pepino e a melancia, eram uma alternativa atractiva para os agricultores satisfazerem as suas necessidades. As sementes e os cereais eram armazenados no segundo andar das suas casas e também em locais elevados do edifício para escapar às cheias. Regmi et al., (2009) também encontraram casos semelhantes no seu estudo no distrito de Kailali.

A agricultura e a pecuária são a principal fonte de subsistência dos agricultores que vivem nas paisagens do Tarai (RIMS-Nepal, 2009). Ambos os sectores dependem igualmente dos recursos naturais, incluindo as florestas, as águas e o capital humano. A criação de gado na região do Extremo-Oeste limita-se à alimentação em estábulos devido à falta de terras de pastagem, o que levou ao cultivo de forragens e forragens, especialmente Berseem (Ipomoea sp), Bakaino (Melia azedarach), Bajra (Penisetum typhoides) em terras marginais e nos chamados campos de baixa produtividade em ambos os sítios. Em Shankarpur, os estábulos de gado foram deslocados para zonas elevadas dentro das povoações e também o gado foi levado para uma altitude mais elevada para diminuir os efeitos sobre o gado devido às cheias.

Floresta e biodiversidade

A floresta e a biodiversidade são importantes para a subsistência dos agricultores nas paisagens do Tarai, o que também é verdade no caso do extremo oeste do Nepal. Os agricultores estão determinados e tomaram medidas para minimizar os impactos das alterações climáticas no sector das florestas e da biodiversidade, tanto a nível individual como coletivo. Algumas destas iniciativas foram tomadas pelos próprios agricultores e outras com o apoio de agências e partes interessadas externas, como agências governamentais e não governamentais. Neste caso, os agricultores plantaram bambu, khar, munj (Saccharum munja) e amriso (Thysanolaena maxima) em zonas propensas a inundações e também iniciaram a instalação de vedações biológicas com o apoio de diferentes partes interessadas. Individualmente, alguns agricultores inovadores utilizaram a planta Besaram (Ipomoea sp.) para sebes, muros, vedações, compostos e colmo em campos agrícolas que estão a crescer maciçamente em toda a região.

Assentamentos humanos e fontes de água

Devido à ocorrência de cheias mais frequentes, a população Tharu começou a construir habitações de dois andares em ambos os locais, quer para armazenar cereais, quer para escapar às cheias, especialmente nas zonas mais elevadas, com alicerces em locais mais altos, o que não era comum nestas localidades. Além disso, alguns agricultores apoderaram-se de terras em zonas florestais de montanha e prepararam aí cabanas, o que deu origem a habitações de verão e de inverno nas terras altas e nas terras baixas, respetivamente, ou seja, habitações de verão nas terras altas para evitar as cheias e habitações de inverno nas terras baixas para diferentes práticas e gestão agrícola em Shankarpur. Em Gadariya, onde a seca e a tempestade de vento são mais graves, os agricultores começaram a construir edifícios virados para Norte-Sul em vez da prática tradicional de Este-Oeste para evitar tempestades de vento e também o sistema de porta única é mais proeminente do que o sistema de duas portas nas suas casas.

Os impactos das alterações climáticas em diferentes sectores também levaram a uma mudança nos hábitos alimentares das comunidades. A população Tharu de ambas as zonas comeu Dhindo e Chapati em vez de arroz, uma vez que a área de arrozal está a diminuir e a ser substituída por outras culturas devido ao stress climático. As pessoas em Gadariya preparavam Mand, que é um licor feito de arroz, soja e grão-de-bico, no tempo seco e soalheiro para escapar à sede. Como o excesso e a escassez de água criaram tensões climáticas para as comunidades agrícolas, os agricultores de Shankarpur construíram uma barragem (Tatbandhan) no rio Donda, por sua própria iniciativa e com o apoio de diferentes agências distritais e organizações relacionadas com a conservação, para diminuir os seus impactos na agricultura, na segurança alimentar e nos meios de subsistência. Por outro lado, os agricultores de Gadariya construíram uma barragem no lago Koilahi para armazenar a água da chuva, que pode ser utilizada para fins de irrigação, a fim de evitar o stress hídrico na altura da plantação de arroz, com o apoio do Tarai Arc Landscape (TAL) e do Western Tarai Landscape Complex Project (WTLCP).

Avaliação dos pontos comuns e das diferenças dos impactos das alterações climáticas e das intervenções de adaptação no centro e no extremo oeste do Nepal

As alterações climáticas afectaram gravemente mais ou menos todos os sectores dos meios de subsistência no Nepal. No entanto, a gravidade dos impactos varia consoante as regiões e os distritos, em função da exposição, da sensibilidade e das capacidades de adaptação. É certo que as incertezas climáticas se manterão ou aumentarão ainda mais nos próximos dias, o que significa que os impactos e a gravidade aumentarão no futuro. Para fazer face às possíveis gravidades e impactos actuais e futuros, é importante desenvolver e aplicar eficazmente as políticas e os planos. As políticas e os planos têm de chegar às comunidades com o reforço das capacidades de adaptação e a compreensão dos contextos climáticos locais, situações através de avaliações eficazes. Estas avaliações, efectuadas no Centro e no Extremo-Oeste do Nepal, concentraram-se nos recursos de subsistência, como a agricultura, a pecuária, a floresta e a biodiversidade e os recursos hídricos, bem como nas infra-estruturas físicas, centrando-se sobretudo no grupo étnico Tharu. Todos estes recursos são também altamente enfatizados no NAPA e no LAPA com prioridades e projectos específicos. Todos estes recursos são igualmente importantes para os meios de subsistência das populações. No entanto, a agricultura, a silvicultura e a biodiversidade são muito importantes para as populações e são muito afectadas pelos impactos das alterações climáticas.

A região do Tarai é conhecida como o cabaz alimentar do país, uma vez que a maior parte das culturas de cereais, como o arroz, o trigo e o milho, são cultivadas em grandes campos agrícolas na região. A região é dominada principalmente pelos Tharu, de leste a oeste, que há gerações se dedicam à agricultura para garantir a sua subsistência. Tanto na região central como no extremo oeste, o povo Tharu está a lidar com os impactos das alterações climáticas com base nos seus conhecimentos, competências e práticas indígenas adquiridos. Os planos de adaptação local estão a ser implementados na região do Extremo-Oeste pelo governo e por organizações não governamentais. Há muitas adaptações de base comunitária efectuadas pelas comunidades específicas das suas próprias localidades. A maioria destas adaptações de base comunitária não está bem documentada e não é promovida.

Verifica-se que os impactos das alterações climáticas se fazem sentir mais ou menos nos mesmos sectores de subsistência em ambas as regiões, uma vez que a maioria dos agricultores depende de recursos de subsistência semelhantes. No entanto, a gravidade dos impactos e as iniciativas de adaptação são diferentes, em função dos conhecimentos, competências, práticas, experiências e apoio dos organismos externos. Mesmo para a mesma comunidade, ou seja, a comunidade Tharu, a gravidade dos impactos e as iniciativas de adaptação são diferentes nestas regiões. Observa-se também que os impactos, a gravidade e as adaptações são diferentes dentro da região com base na exposição e na sensibilidade. Verifica-se que algumas zonas são propensas a inundações, enquanto outras são propensas a secas dentro das mesmas localizações geográficas. Com base nos impactos enfrentados, as intervenções de enfrentamento e adaptação também são alteradas. Depende também das capacidades de adaptação e dos apoios. Por exemplo, os agricultores Tharu em Gadaria

Os agricultores de Gadaria VDC enfrentaram uma seca grave, enquanto as inundações são graves em Shankarpur VDC. Os agricultores estão a dar mais ênfase à mudança das espécies de culturas, como a melancia e as cucurbitáceas, em Gadaria VDC, para fazer face à seca, enquanto os agricultores de Shankarpur conservaram e promoveram as cultivares de arroz resistentes às inundações. A troca participativa de sementes e o banco comunitário de sementes são muito comuns na região do Extremo-Oeste, com o apoio de organizações não governamentais, enquanto o centro comunitário de sementes está apenas a ser criado na zona de Madi, no Nepal Central.

Há uma série de organizações governamentais e não governamentais que estão a apoiar as comunidades para melhorar os serviços de subsistência e as adaptações de base comunitária em ambas as regiões. Todos estes apoios têm diferentes níveis de sucesso em termos da sua implementação e da forma como lidam com os impactes das alterações climáticas. Alguns dos apoios consistem apenas em fornecer kits de diversidade ou sementes às famílias afectadas, enquanto outros consistem na construção de barragens, pontes suspensas e centros de evacuação. O apoio do Fundo Mundial para a Natureza (WWF) e do PNUD é comum em ambos os locais, com diferentes projectos, como o projeto de redução do risco de catástrofes com base na comunidade em Madi, do PNUD, o Tarai Arc Landscape (TAL) e o Western Tarai Landscape Complex Project (WTLCP), do WWF.

Conclusão e via a seguirA adaptação é a melhor forma de lidar com as pressões das alterações climáticas em países em desenvolvimento como o Nepal. As comunidades agrícolas já tinham experimentado estes riscos e tensões e instigaram iniciativas de adaptação nas suas próprias condições locais e com conhecimentos e competências. Os Tharus, habitantes da região do Tarai, enfrentam todos os anos pressões climáticas e estão a adaptar-se a estas alterações climáticas com as suas competências e experiências tradicionais. Estas iniciativas de adaptação têm, de certa forma, uma lógica e uma ética que devem ser documentadas, validadas, partilhadas e divulgadas junto de outras comunidades agrícolas, bem como em zonas geográficas mais vastas. Além disso, muitos organismos governamentais e não governamentais têm vindo a apoiar as comunidades na resposta aos impactos das alterações climáticas. Além disso, foram desenvolvidas e executadas várias políticas, planos e estratégias no Nepal, incluindo o NAPA, o LAPA e o NAP. Além disso, os planos de adaptação comunitária (CAP/CAPA) e as adaptações de base comunitária (CBA) são também desenvolvidos e aplicados pelas comunidades com ou sem o apoio de agências externas. As organizações não governamentais têm feito muito para promover e implementar estes CAP/CAPA e CBA ao nível das bases e o governo tem tentado integrar os CBA e os CAPA nas políticas e no processo de planeamento.Uma vez que o Nepal é um país geograficamente diverso, as estratégias de adaptação adoptadas pela comunidade podem variar em função das pressões climáticas específicas do local e dependem também dos conhecimentos e competências tradicionais que a comunidade possui. Verifica-se que as comunidades dispõem dos seus conhecimentos, competências e práticas tradicionais para fazer face às pressões climáticas e não climáticas. No entanto, devido ao aumento das intensidades e frequências nos últimos anos, as próprias comunidades não conseguem fazer face a essas pressões. As intervenções comunitárias de adaptação às alterações climáticas são um processo conduzido pela comunidade com base nas suas necessidades, prioridades, conhecimentos e capacidades, em função da situação climática local. As agências governamentais e não governamentais têm apoiado as comunidades na resolução das pressões climáticas e não climáticas para reforçar os seus meios de subsistência. No entanto, nem todas essas intervenções são bem sucedidas.As intervenções e estratégias de adaptação para Gadariya VDC, Shankarpur VDC e o município de Madi são diferentes em função dos riscos climáticos e dos perigos que enfrentam. Por isso, as tecnologias de adaptação devem ser específicas para cada local, o que exige investimentos em investigação tanto a nível superior como a nível comunitário. Além disso, as comunidades

Os conhecimentos, experiências e práticas em matéria de adaptação e desenvolvimento devem ser combinados com os dados científicos e a investigação. Nesse sentido, as actividades combinadas de investigação e desenvolvimento são mais viáveis para avaliar os riscos climáticos, as vulnerabilidades e as intervenções de adaptação no contexto nepalês. As intervenções combinadas de investigação e desenvolvimento melhorarão a compreensão do contexto local através de abordagens participativas e também as comunidades terão oportunidade de aprender e compreender alguns dos conhecimentos científicos e questões relacionadas com os impactes das alterações climáticas, cenários nacionais e internacionais e políticas, planos e estratégias.

Agradecimentos

Os autores gostariam de agradecer a todos os agricultores dos CDVs de Gadariya e Shankarpur, no extremo ocidental do Nepal, e do município de Madi, no centro do Nepal, pela sua cooperação, participação ativa e fornecimento de informações relacionadas com as alterações climáticas, os seus impactos e as adaptações baseadas na comunidade. Os autores exprimem também a sua gratidão a Ashok Gurung, Assa Gurung e Bhai Kaji Sapkota pelo seu apoio nos trabalhos de campo.

Referência

AEA Energy and Environment, (2007) Adaptation to climate change in agricultural sector. AGRI-2006-G4-05. AEA Energia e Ambiente, Universidade de Politécnica de Madrid. Edição 1.

AEPC. 2017. Estratégia de desenvolvimento de baixo carbono (LCDS) para o Nepal. Centro de Promoção de Energias Alternativas (AEPC): Making renewable energy mainstream supply to rural areas in Nepal. www.aepc.gov.np (Acedido em 22 de maio de 2017)

AIT-UNEP RRC AP. 2010. Avaliação do âmbito da plataforma de conhecimentos sobre alterações climáticas no Nepal - Resumo. Plataforma Regional de Conhecimentos sobre a Adaptação às Alterações Climáticas para a Ásia.

Agrawal, A. 2008. Local Institution and climate change adaptation (Instituição local e adaptação às alterações climáticas). Social Development Notes: Community Driven Development, The Social Dimensions of climate change, 113: 1-8

Aryal, S., Maraseni, T. N. & Cockfield, G. 2014. Sustentabilidade dos sistemas de pastagem de transumância sob ameaças socioeconómicas em Langtang, Nepal. Jornal de Ciência da Montanha. 11 (4): 1023-1034, Doi: 10.1007/s11629-013-2684-7

BNMT. 2011. Reforço dos comités de gestão das unidades de saúde para apoiar as iniciativas essenciais de adaptação à saúde das comunidades vulneráveis às alterações climáticas. Projeto de Adaptação e Conceção das Alterações Climáticas do Nepal. Pp 189-241

Barlett, R., Bharati, L., Pant, D., Hosterman, H. & McCornick, P. 2010. Climate change impacts and adaptation in Nepal (Impactos das alterações climáticas e adaptação no Nepal). Documento de trabalho 139 do IWMI, Doi: 10.5337/2010.227, Instituto Internacional de Gestão da Água, Colombo, Srilanka

Bhuju, U. R., Khadka, M., Neupane, P. K. & Adhikari, R. n. d. Lakes of Nepal: 5358 - A map based inventory, National Lakes Strategic Plan Preparation (Report), Government of Nepal, Ministry of Tourism and Civil Aviation, National Lakes Conservation Development Committee, Kathmandu, www.nepallake.gov.np

CCNN, (2011) Governance of climate change adaptation finance in Nepal. Briefing paper, março de 2011, Climate Change Network Nepal.

Chaudhary, A. S., Sova, C. A., Rasheed, T., Thornton, T. F., Baral, P. e Zeb, A. 2014. Deconstructing local adaptation plans of action (LAPAs) - Analysis of Nepal and Pakistan LAPA initiatives. Documento de trabalho n.º 67. Programa de Investigação do CGIAR sobre Alterações Climáticas, Agricultura e Segurança Alimentar (CCAFS). Copenhaga,

Dinamarca, www.ccafs.cgiar.org

DADO Chitwan, 2071/72 V.S. Barshik Krishi Bikas Karyakram Tatha Tathyanka Pustika Ek Jhalak. Aarthik Barsha 2071/72. (Tradução inglesa: Statistical Book on Annual Agricultural Development Programme), District Agricultural Development Office, Chitwan, Ministério do Desenvolvimento Agrícola, Governo do Nepal.

DADO Kailali, 2064 V.S. Plano Anual e Livro Estatístico. Governo do Nepal, Ministério da Agricultura e das Cooperativas, Departamento da Agricultura, Comité Distrital de Desenvolvimento Agrícola, Dhangadi, Kailali.

DADO Kanchanpur, 2060/61 V.S. Agriculture development program and statistical book: a glimpse, Governo do Nepal, Ministério da Agricultura e das Cooperativas, Departamento da Agricultura, Comité Distrital de Desenvolvimento Agrícola, Kanchanpur.

DDC Chitwan. 2014. Plano distrital de clima e energia do distrito de Chitwan. Apresentado por Civil Informatics and Solutions P. Ltd. e Green Consult P. Ltd. com o apoio técnico do Centro de Promoção de Energias Alternativas (AEPC), Katmandu, Nepal.

DNPWC. 2016. Relatório sobre o estado de conservação do Parque Nacional de Chitwan (Nepal - N284), apresentado ao Centro do Património Mundial, Organização das Nações Unidas para a Educação, Ciência e Cultura, Departamento de Parques Nacionais e Conservação da Vida Selvagem, Ministério das Florestas e Conservação do Solo, Governo do Nepal.

Davis, M. e Li, L. (2013) Understanding the policy contexts for mainstreaming climate change in Bhutan and Nepal: A synthesis. Plataforma Regional de Conhecimentos sobre Adaptação às Alterações Climáticas para a Ásia, Partner Report Series No. 10. Instituto do Ambiente de Estocolmo, Banguecoque. Disponível em linha em www.asiapacificadapt.net ou www.weADAPT.org

Desalegn, K. 2016. Os impactos das alterações climáticas na produção pecuária: A review. Global Veterinaria. 16 (2):206-212, ISSN 1992-6197, Doi: 10.5829/9dosi.gv.2016.16.02.10283

Gentle, P. e Maraseni, T. N. (2012) Alterações climáticas, pobreza e meios de subsistência: Práticas de adaptação das comunidades rurais de montanha no Nepal. Environmental Science and Policy. 21: 24-34. www.elsevier.com/locate/envsci

Ghimire R. e Bista, P. (2009) Conservation agriculture rally rounds adaptation to climate change. Boletim do Grupo de ONG sobre alterações climáticas: Scaling up community based adaptation in Nepal. Local Initiatives for Biodiversity, Research and Development (LIBIRD). 18-22

GoN. 2011. Quadro nacional sobre planos de ação de adaptação local. Governo do Nepal, Ministério da Ciência, Tecnologia e Ambiente, Singha Durbar

GoN. 2012. Informação estatística sobre a agricultura nepalesa 2011/2012   (2068/69). Governo do Nepal, Ministério do Desenvolvimento Agrícola. Divisão de Promoção do Agronegócio e Estatísticas, Secção de Estatísticas, Nepal.

GoN/MoE. 2010a. Programa de ação nacional de adaptação às alterações climáticas. Governo do Nepal, Ministério do Ambiente, Katmandu, Nepal.

GoN/MoE. 2010b. Mapeamento da vulnerabilidade às alterações climáticas no Nepal. Programa de ação nacional de adaptação às alterações climáticas. Governo do Nepal, Ministério do Ambiente

GdN/MoPE. 2016. Contribuições previstas determinadas a nível nacional (INDC) comunicadas ao Secretariado da CQNUAC em fevereiro de 2016. Governo do Nepal, Ministério da População e do Ambiente, Katmandu, Nepal.

GoN/MoSTE, n. d. Mainstreaming climate change risk management in development: Práticas indígenas e locais de adaptação às alterações climáticas no Nepal. ADB TA 7984: Investigação indígena. Pilot Program for Climate Resilience, Governo do Nepal, Ministério da Ciência, Tecnologia e Ambiente

Gurung, T. B., Pokharel, P. K., & Wright, I. (eds.) 2011. Climate change: Vulnerabilidade e adaptação do sector pecuário no Nepal. Actas do workshop sobre alterações climáticas: vulnerabilidade e adaptação do sector pecuário no Nepal. Doi: 10.13140/RG.2.1.1548.6887

Helvetas. 2011. Políticas e planos do Nepal em matéria de alterações climáticas: Perspetiva das comunidades locais, série ambiente e clima 2011/1. A Iniciativa Direitos e Recursos (RRI). Helvetas-Swiss Inter-corporation Nepal, Katmandu

IIED, BCAS & CEN. 2014. Adaptação de base comunitária: Financiamento da adaptação local. 8ª Conferência Internacional. 24-30 de abril de 2014, Kathmandu, Nepal

IIED. 2011. Better economics: supporting adaptation with stakeholder analysis, Briefing lessons from adaptation in practice, Instituto Internacional para o Ambiente e o Desenvolvimento (IIED), novembro de 2011

IPCC. 2003. Climate change 2001: Impacts, Adaptation and Vulnerability (Alterações climáticas 2001: Impactos, adaptação e vulnerabilidade), GRID-Arendal. Painel Intergovernamental sobre as Alterações Climáticas

IPCC. 2007. Contribuição do grupo de trabalho II para o 4º relatório de avaliação do Painel Intergovernamental sobre as Alterações Climáticas. M.L. Parry, O. F. Canziani, J. P.

Palutikof, P. J Van der Linden e C. E. Hanson (eds.) In Climate change 2007, Fourth Assessment report. IPCC, Cambridge University Press, Cambridge, Reino Unido e Nova Iorque, EUA. http://www.ipcc.ch/publications and date/ar4/wg2/en.contents.html

IPCC. 2014. Alterações climáticas 2014: Impactos, adaptação e vulnerabilidade. Parte A: Aspectos globais e sectoriais. Contribuição do Grupo de Trabalho II para o 5.º Relatório de Avaliação do Painel Intergovernamental sobre as Alterações Climáticas. Imprensa da Universidade de Cambridge

ISET. 2008. Enabling adaptation to climate change for poor population in Asia through research, capacity building and innovation, Relatório da equipa de estudo sobre adaptação do Centro Internacional de Investigação para o Desenvolvimento, coordenado pelo ISET, publicado pelo ISET-Nepal em Format Graphics, Katmandu.

Joshi, K. D., Conroy, C. & Witcombe, J. R. 2012. Agricultura, sementes e inovação no Nepal: Questões industriais e políticas para o futuro. Documento de projeto de dezembro de 2012. Instituto Internacional de Investigação sobre Políticas Alimentares (IFPRI)

Joshi, N. P., Maharjan, K. L., & Piya, L. 2011. Effect of climate variables on yield of Major food crops in Nepal: A time series analysis. Journal of Contemporary India Studies: Space and Society. 1: 19-26

Karki, M., Mool, P., e Shrestha, A. 2009. Alterações climáticas e seus impactos crescentes no Nepal. The Initiation. 30-37. ISSN 2091-0088

Khanal, N. P. & Maharjan, K. L. 2015. Sustentabilidade da produção comunitária de sementes na cultura do arroz-trigo. Springer Japão. ISBN 978-4-431-55473-8, Doi: 10.1007/978-4-431-55474-5

LI-BIRD. 2009. Climate change and agrobiodiversity in Nepal: Opportunities to include agrobiodiversity maintenance to support Nepal's National Adaptation Programe of Action (NAPA), Um relatório preparado pelo LI-BIRD para a Plataforma de Investigação sobre Agrobiodiversidade, FAO e Bioversity International.

Maharjan, K. L. e Joshi, N. P. (2012) Climate change, agriculture and rural livelihoods in developing countries with reference to Nepal. Centro Internacional de Cooperação Ambiental de Hiroshima (HICEC), IDEC, Universidade de Hiroshima

Maharjan, S. K. & Maharjan, K. L. 2017. Revisão das políticas climáticas e dos papéis das instituições na formulação política e na implementação de planos e estratégias de adaptação no Nepal.

Revista de Desenvolvimento e Cooperação Internacional. 23 (1&2): 1-14. Escola de Pós-Graduação em Desenvolvimento e Cooperação Internacional, Universidade de Hiroshima.

Maharjan, S. K., Maharjan, K. L., Tiwari, U. & Sen, N. P. 2017. Avaliação participativa das vulnerabilidades e impactos climáticos no Vale Madi do distrito de Chitwan, Nepal. CogentFood&AgricultureJournal . 3(1), Doi: https://doi.org/10.1080/23311932.2017.1310078

Maharjan, S. K., Sigdel, E. R., Sthapit, B. R. e Regmi, B. R. 2011. A perceção da comunidade Tharu sobre as alterações climáticas e as suas iniciativas de adaptação para resistir aos seus impactos no Tarai Ocidental do Nepal. International NGO Journal. 6 (2): 035-042, Disponível em linha em http:// www.academicjournals.org/INGOJ, ISSN 1993-8225 ©2011 Academic Journals

Mainaly, J. e Tan, S. F. 2012. Mainstreaming gender and climate change in Nepal (Integração do género e das alterações climáticas no Nepal). IIED Climate change working paper No. 2, Instituto Internacional para o Ambiente e o Desenvolvimento (IIED).

Malla, G. 2008. Climate change and its impact on Nepalese agriculture (Alterações climáticas e seu impacto na agricultura nepalesa). The Journal of Agriculture and Environment. 9: 62-71

Maplecroft.Net Limited, 2011. Cálculos de risco e painéis de controlo: Índice de vulnerabilidade às alterações climáticas 2011. http://mappcroft.com/news/ccvi (Obtido em 12 de junho de 2015)

MdE. 2010. Programa nacional de acções de adaptação (PANA) às alterações climáticas. Ministério do Ambiente, Governo do Nepal

MoSTE. 2015. Climate change policy-2011, biblioteca em linha, Ministério da Ciência, Tecnologia e Ambiente, Governo do Nepal, www.climatenepal.org.np (Recuperado em 1 de setembro de 2015)

NEWAH. 2011. Desenvolvimento da capacidade de adaptação ao clima através de iniciativas WASH e do processo de planeamento local. Projeto de Adaptação e Conceção das Alterações Climáticas do Nepal (CADP-N). Pp 243 - 293

Nay, J. J., Abkowitz, M., Chu, E., Gallagher, D., & Wright, H. 2014. Uma revisão dos modelos de apoio à decisão para a adaptação às alterações climáticas no contexto do desenvolvimento. Climate and Development. 6(4): 357-367, http://dx.doi.org/10.1080/17565529.2014.912196

Nepal, S. K. 2011. Mountain tourism and climate change: Implications for the Nepal Himalaya. Nepal Tourism and Development Review. 1 (1): 1-14

OCDE, (2009) Integrar as alterações climáticas na cooperação para o desenvolvimento: Policy Guidance. Organização para a Cooperação e Desenvolvimento Económico

Oxfam. 2011. Minding the money: Governance of climate change adaptation finance in Nepal, Oxfam Nepal.

Paudel, B., Tamang, B. B., Lamsal, K., e Paudel, P. (2011) Planning and costing of agricultural adaptation with reference to integrated hill-farming systems in Nepal. Instituto Internacional para o Ambiente e o Desenvolvimento (IIED), Londres, Reino Unido.

Peniston, B. (2013) A review of Nepal's local adaptation plans of action (LAPA). Parceria para a Adaptação às Altas Montanhas. USAID e The Mountain Institute, 8 de agosto de 2013.

Ação prática. 2009. Temporal and spatial variability of climate change over Nepal (1976 - 2005). Escritório da Practical Action no Nepal. ISBN 978-9937-8135-2-5

Priya. S. 2010. Seguro contra riscos climáticos para a agricultura. In: H. Reid, S. Huq e L. Murray (Eds.) Community Champions: Adapting climate challenges. Instituto Internacional para o Ambiente e o Desenvolvimento (IIED). Pp 31

RIMS-Nepal. 2009. Avaliação dos impactes das alterações climáticas e identificação das necessidades de adaptação na paisagem do arco do Tarai. Relatório de estudo apresentado ao Fundo Mundial para a Natureza - Nepal (WWF-Nepal), Sociedade de Identificação e Gestão de Recursos do Nepal (RIMS-Nepal) (Acedido   de http://learningportal.wwfnepal.org/dashlib/files/Assessing%20Climate%20change%20impacts%20and%20identifying%20adaptation%20needs%20for%20terai%20arc%20landscape.pdf em 29 de junho de 2017

Regmi, B. R. e Bhandari, D. 2012. Climate change governance and funding dilemma in Nepal. Revista Académica TMC. 7 (1): 40-55

Regmi, B. R., & Star, C. 2014. Identificação de mecanismos operacionais para a integração da adaptação baseada na comunidade no Nepal. Climate and Development. 6(4): 306-317. Doi: 10.1080/17565529.2014.977760

Regmi, B. R., Morcrette, A., Paudel, A., Bastakoti, R., & Pradhan, S. 2010. Participatory tools and techniques for assessing climate change impacts and exploring adaptation options: A community based tool kit for practitioners, UKaid and LFP

Regmi, B.R., Suwal, R., Shrestha, G., Sharma, G.B., Thapa, L., Manandhar, S.S. 2009. Resiliência comunitária no Nepal. Tiempo: A bulletin on Climate and Development. Edição 73. Pp 7-10

Reid, H. & Huq, S. 2014. Integração da adaptação baseada na comunidade no planeamento nacional e local.   ClimateandDevelopment .   6(4): 291-292. http://dx.doi.org/10.1080/17565529.2014.973720

Reid, H., Alam, M., Berger, R., Cannon, T., Huq, S. & Milligan, A. 2009. Adaptação às alterações climáticas com base na comunidade: Secção temática. Participatory Learning and Action 60, Instituto Internacional para o Ambiente e o Desenvolvimento (IIED), Russell Press, Nottingham, Reino Unido.

Rupantaran-Nepal, 2011. Conceção de planos de ação de adaptação local para o sector florestal. Projeto de Conceção e Pilotagem da Adaptação Climática - Nepal: Relatório, Kathmandu, Nepal.

SAGUN-CARE Nepal, 2009. Climate Change Impacts on Livelihoods of Poor and Vulnerable Communities and Biodiversity Conservation (Impactos das alterações climáticas nos meios de subsistência das comunidades pobres e vulneráveis e na conservação da biodiversidade): A Case Study in Banke, Bardia, Dhading, and Rasuwa Districts of Nepal (Um estudo de caso nos distritos de Banke, Bardia, Dhading e Rasuwa do Nepal). USAID, CARE Nepal, WWF, RIMS Nepal, FECOFUN e LI-BIRD.

Setopati, 11 de maio de 2017. Lagos no Parque Nacional de Chitwan estão a secar. Nepal's Digital Newspaper. http://setopati.net/society/13880/Lakes-in-Chitwan-National-Park-drying-up/ (Acedido em 22 de maio de 2017)

Sharma, M. & Dahal, S. 2011. Avaliação dos impactos das alterações climáticas e das medidas de adaptação local no sector agrícola e dos meios de subsistência da comunidade indígena nas colinas altas do distrito de Sankhuwasabha. Relatório apresentado ao projeto do Programa de Ação Nacional de Adaptação (NAPA). Ministério do Ambiente, Catmandu, Nepal

Sharma, N. 2017. Formulação de uma estratégia de desenvolvimento económico com baixas emissões de carbono para o Nepal: Process and progress, Ministério da Ciência, Tecnologia e Ambiente (Apresentação disponível em http://www.cen.org.np/uploaded/LCEDS%20Process Naresh%20Sir.pdf, acedido em 22 de maio de 2017)

Sherpa, D. (2010) Labour migration and remittances in Nepal (Migração laboral e remessas no Nepal). In: B. Hoermann, S. Banerjee e M. Kollmoir (eds.), Labour migration for development in the western Hindu Kush- Himalayas. Centro Internacional para o Desenvolvimento Integrado das Montanhas (ICIMOD), Katmandu, Nepal.

Shrestha, R. P. & Maharjan, K. L. 2016. Utilização tradicional dos recursos hídricos e esforços de adaptação no Nepal. Jornal de Desenvolvimento e Cooperação Internacional. 22(1&2): 47-58

Shrestha, S. L., & Maharjan, K. L. 2014. Variáveis climáticas e seus impactos no rendimento das culturas alimentares nos distritos de Makawanpur e Ilam do Nepal. In: K. L. Maharjan (ed.), Communities and livelihood strategies in developing countries. Springer Japan Pp 33 - 47, Doi: 10.1007/978-4-431-54744-3 ISBN: 978-4-431-54773-0

Sigdel, E. R. 2010. Flood impact on livelihood of local community in Far-west Nepal (Impacto das cheias nos meios de subsistência da comunidade local no extremo oeste do Nepal). NGO Group Bulletin on climate change: scaling up community based adapataion in Nepal. Local Initiatives for Biodiversity, Research and Develoment (LI-BIRD) e o Fundo de Desenvolvimento, pp 28-31

Tauli-Corpuz, V. Chavez, R., Baldo-Soriano, E., Magata, H., Golocan, C., Bugtong, M. V., Enkiwe-Abayao, L., e Carino, J. (2009) Guide on climate change and indigenous peoples (segunda edição), Fundação Tebtebba

Thakur, R. P. 2011. Climate change: Saúde e produção pecuária no Nepal. In: Gurung, T. K., Pokharel, Wright, I. (eds.). Climate change: Livestock sector vulnerability and adaptation in Nepal (Alterações climáticas: vulnerabilidade e adaptação do sector pecuário no Nepal). Actas do seminário sobre alterações climáticas: Livestock sector vulnerability & adaptation in Nepal. Pp 76-80. Doi: 10.13140/RG.2.1.1548.6887

Thapa, G. J., Wikramanayake, E., & Forrest, J. 2015. Climate change impacts on biodiversity of the Tarai Arc Landscape and the Chitwan-Annapurna Landscape [Impactos das alterações climáticas na biodiversidade da paisagem do arco do Tarai e da paisagem de Chitwan-Annapurna]. Hariyo Ban World Wildlife Fund Nepal, Katmandu, Nepal

Thapa, K. 2010. Adaptação às alterações climáticas na agricultura: The sustainable way in Nepalese context. NGO Group Bulletin on climate change: scaling up community based adaptation in Nepal. Iniciativas Locais para a Biodiversidade, Investigação e Desenvolvimento (LI- BIRD) e Fundo de Desenvolvimento, pp 32-36

Thapa, K., Sharma, G. B., Rana, R. B., Lamsal, K. & Subedi, S. 2011. Explorando mecanismos de adaptação climática para a gestão de bacias hidrográficas. Projeto de Adaptação e Conceção das Alterações Climáticas do Nepal (CADP-N), Iniciativas Locais para a Biodiversidade, Investigação e Desenvolvimento (LIBIRD). Pp 295 - 325

Tiwari, K. R., Balla, M. K., Pokharel, R. K. e Rayamajhi, S. 2012. Impacto das alterações climáticas, práticas e políticas de adaptação nos Himalaias do Nepal. Documento (não publicado) apresentado na Conferência UNU-WIDER sobre alterações climáticas e política de desenvolvimento, 28-29 de setembro de 2012, Helsínquia

Tiwari, K. R., Rayamajhi, S., Pokharel, R. K. e Balla, M. K. 2014. Does Nepal's climate change adaptation policy and practices address poor and vulnerable communities? Revista de Direito, Política e Globalização. 23: 28 - 38, ISSN 2224-3240 (em papel), ISSN 2224-3259 (em linha)

UNFCCC. 2004. Os primeiros dez anos. Secretariado para as alterações climáticas, Bona, Alemanha

UNFCCC. 2007. Alterações climáticas: Impactos, vulnerabilidades e adaptação nos países em desenvolvimento. Secretariado da Convenção-Quadro das Nações Unidas sobre Alterações Climáticas (UNFCCC). Bona, Alemanha www.unfccc.int.

UNFCCC. 2012. Planos nacionais de adaptação dos países menos desenvolvidos: Uma breve panorâmica. Grupo de Peritos dos PMA, Secretariado da Convenção-Quadro das Nações Unidas sobre Alterações Climáticas (CQNUAC), Bona, Alemanha.

Uprety, B. 20 de janeiro de 2017. Avanço do processo NAPA. Novo destaque: Revista de notícias. Vol 10 WWF. 8 de dezembro de 2015. Quarta aldeia de homestay inaugurada no Vale do Madi. World Wildlife Fund (WWF). www.wwfnepal.org/media room/news (Acedido em 28 de setembro de 2016)

Wagley, M. P., Poudel, A., Shakya, P. B., & Gautam, N. (n.d.). Assessing climate change impacts and vulnerabilities and identifying adaptation of options/measures in selected landscapes within the Tarai Arc Landscapes. Relatório apresentado ao WWF Nepal por NARMA Consultancy Private Limited, Kathmandu.

Banco Mundial. 2013. http://climatechange.worldbank.org/overview/climate-change-adaptation (Acedido em 30 de março de 2013)

I want morebooks!

Buy your books fast and straightforward online - at one of world's fastest growing online book stores! Environmentally sound due to Print-on-Demand technologies.

Buy your books online at
www.morebooks.shop

Compre os seus livros mais rápido e diretamente na internet, em uma das livrarias on-line com o maior crescimento no mundo! Produção que protege o meio ambiente através das tecnologias de impressão sob demanda.

Compre os seus livros on-line em
www.morebooks.shop

Printed by Books on Demand GmbH, Norderstedt / Germany